The Blue Book on the Radio Application
and Management in China (2016-2017)

2016-2017年
中国无线电应用与管理
蓝皮书

中国电子信息产业发展研究院　编著

主　编／樊会文

副主编／李宏伟　乔　维

人 民 出 版 社

责任编辑：邵永忠　刘志江
封面设计：黄桂月
责任校对：吕　飞

图书在版编目（CIP）数据

2016-2017年中国无线电应用与管理蓝皮书／樊会文 主编；
中国电子信息产业发展研究院 编著 .—北京：人民出版社，2017.8
ISBN 978-7-01-018021-2

Ⅰ.①2… Ⅱ.①樊… ②中… Ⅲ.①无线电通信—研究报告—中国—2016-2017 Ⅳ.①TN92

中国版本图书馆 CIP 数据核字（2017）第 190544 号

2016-2017 年中国无线电应用与管理蓝皮书

2016-2017 NIAN ZHONGGUO WUXIANDIAN YINGYONG YU GUANLI LANPISHU

中国电子信息产业发展研究院 编著

樊会文 主编

人 民 出 版 社 出版发行

（100706　北京市东城区隆福寺街 99 号）

三河市钰丰印装有限公司印刷　新华书店经销

2017 年 8 月第 1 版　2017 年 8 月北京第 1 次印刷

开本：710 毫米 ×1000 毫米 1/16　印张：14.75

字数：235 千字

ISBN 978-7-01-018021-2　定价：70.00 元

邮购地址　100706　北京市东城区隆福寺街 99 号
人民东方图书销售中心　电话（010）65250042　65289539

前　言

　　2016 年，全球 4G 网络建设迈入新阶段，已商用的 LTE 网络数同比增长了 21%，4G 用户数量突破十亿，特别是我国 4G 用户数呈爆发式增长，全年新增 3.4 亿户，总数达到 7.7 亿户，占全球 4G 用户的一半以上。全球 5G 产业发展加速推进，物联网应用场景持续增加，VR/AR 市场空间进一步提升，国际上积极推动相关频谱规划研究工作，我国相关领域产业化进程也在顺利推进。同时，我国无线电管理法律法规建设取得重大进展，修订后的《中华人民共和国无线电管理条例》已于 2016 年 12 月 1 日起正式施行。我国无线电管理机构聚焦无线电频谱资源管理核心职能，以频率管理精细化和监管体系科学化为主要方向，精准发力，频谱管理、台站管理和秩序维护等等各项工作都取得了新成就，无线电管理能力和服务水平迈上了新的台阶。2017 年，随着移动信息通信技术的发展以及我国"两化深度融合""一带一路""互联网＋""宽带中国""中国制造 2025"等一系列战略的深入推进，无线电频谱资源稀缺性将进一步凸显，空中电波秩序将更加复杂，无线电管理工作挑战和机遇并存。

　　由工业和信息化部赛迪研究院无线电管理研究所编撰的《2016—2017 年中国无线电应用与管理蓝皮书》，以全球最新技术应用和管理现状为大背景，以我国无线电技术、应用与管理为落脚点，系统总结梳理了全球和我国 2016 年无线电技术与应用的最新重大进展，分析了发展趋势。以专题的形式从管理角度叙述和分析了当前无线电管理领域正在解决的主要问题，分区域详细介绍了我国各个省市自治区的无线电管理机构的 2016 年主要工作动态，深入研究分析了我国无线电应用及管理的政策环境，并对 2016 年出台的一些重点政策进行解析，以案例形式详述了我国无线电技术、应用和管理方面出现的热点事件，并对其进行简要评析。该书还探讨了国内外无线电技术、应用和产业发展趋势，提出适用于我国无线电管理工作的理论和方法，并对我国无

1

线电管理工作进行展望。相信本书对我们了解和把握无线电技术和应用发展态势、研判产业发展趋势、促进无线电管理思路、模式和方法的创新具有重要意义和参考价值。

当前新一轮科技革命和产业变革将同人类社会发展形成历史性交汇，无线电技术和应用正以前所未有的速度向各行各业渗透，已成为促进经济发展、推动国防建设、服务社会民生的重要手段，频谱资源对我国经济社会发展和国防现代化建设的支撑作用愈加明显。无线电技术、应用及管理在加快构建泛在高效的信息网络，形成万物互联、人机交互、天地一体的网络空间，支撑新一代信息技术等战略性新兴产业发展，保障"中国制造2025""宽带中国""互联网＋"行动计划等国家战略的实施方面发挥着日益重要的作用。希望本书的研究成果能为主管部门决策、学术机构研究和无线电相关产业发展提供参考和决策支撑，为促进各项无线电管理工作的开展和无线电相关产业发展贡献一份力量。由于我们的能力、水平和某些客观条件所限，本书中必然存在一些不足之处，恳请读者批评指正。

目　　录

区 域 篇

政 策 篇

热 点 篇

展　望　篇

综合篇

第一章　2016 年全球无线电领域发展概况

本章主要从无线电技术与应用和无线电管理两个方面梳理了 2016 年全球无线电领域发展概况。无线电技术与应用方面，2016 年全球热点主要集中在以下几点：一是全球 4G 网络建设迈入新阶段，二是 5G 推进已全面进入到研发试验阶段，三是低功耗广域网发展迅速，四是 VR/AR 市场空间进一步提升。无线电管理方面，一是 2016 年全球各主要国家和地区先后出台了各自 5G 频谱相关政策，助力 5G 标准化和商用化进程加速；二是为了日益紧张的频谱供需矛盾，频谱共享尤其是频谱动态共享已成为全球主流趋势。

第一节　全球无线电技术及应用发展概况

一、全球 4G 网络建设迈入新阶段

全球移动供应商协会（GSA）于 2016 年 10 月公开的数据显示，全球 170 个国家和地区已商用的 LTE 网络数为 537 个，这一数字相比上年同期增长了 21%。全球已有 166 家运营商（约占 LTE 网络运营商的 31%）商用了 LTE - A 或 LTE - A Pro，分布在全球 76 个国家和地区。另据数据显示，40% 的运营商正在对 LTE - A 或 LTE - A Pro 网络技术进行投资。而在 8 月底，GSA 曾预计，全球 LTE 商用网络数将在 2016 年年底增至 550 个。根据该机构公布的数据，截至 2016 年第二季度，全球 LTE 用户达到 14.5 亿。

2016 年以来，LTE 发展再次提速。全球权威市场调研公司 Strategy Analytics 2016 年年中发布预测，2016 年全球 4G 收入将超过 3G，占总业务收入的 49%，而 2G 业务收入将下滑 21%，3G 收入下滑 19%。该报告预测了 2006 年

至 2022 年全球 6 个地区 88 个国家的手机、调制解调器、平板电脑、联网设备的用户订购数和业务收入，但不包含 M2M 预测。该报告预测，到 2016 年年底，LTE 连接数将会增至 19 亿，2022 年将增至 56 亿。

二、5G 推进已全面进入到研发试验阶段

随着全球对 5G 研发的整体推进，5G 在全球主要国家和地区范围内已经取得了多方面共识，目前 5G 已经从概念确立全面进入到研发试验阶段：

2016 年 8 月，加拿大运营商 Bell Canada 与诺基亚合作，在加拿大境内完成了首次 5G 网络传输测试。在本次 5G 试验中使用了 73GHz 频段的频谱，数据传输速率为加拿大现有 4G 网络的 6 倍。

2016 年 8 月，T－Mobile 美国与爱立信测试 5G 原型系统，证实使用 5G 网络下载的吞吐量超过 12Gbps，延迟不到 2 毫秒。当然，双方早在年初就开启了合作，测试位于 28GHz 频段的 5G 系统；9 月份，T－Mobile 美国与三星也宣布将在 2016 年内，使用 T－Mobile 美国的 28GHz 频段和采用三星波束成形技术的 5G 验证实验系统进行室外试验。此外，T－Mobile 美国还与诺基亚测试了 28GHz 频段，串流播放 4 个 4K 视频时，延迟仅为 1.8 毫秒。

2016 年 11 月，爱立信与瑞典电信运营商 Telia 在瑞典斯德哥尔摩西斯塔区进行的 5G 试验通过现网演示了真实环境中的 5G 功能，包括速率和延迟相关的测试等。本次测试使用了 15GHz 频带的 800 MHz 频谱，单用户的峰值速率高达 15GB，延迟低于 3 毫秒，比当前 4G 网络的最高速率快 40 多倍。

三、低功耗广域网发展迅速

根据全球第二大市场研究咨询公司 Markets and Markets 关于低功耗广域网（Low Power Wide Area Network，LPWAN）的研究报告 *Low Power Wide Area Network Market by Connectivity Technology（SIGFOX，LoRaWAN，Weigthless and Others），Technology Service，Network Deployment，Application，Verticals and Region － Global Forecast to 2021*（《到 2021 年全球 LPWAN 市场展望》），全球 LPWAN 市场规模将从 2016 年的 10.1 亿美元增长至 2021 年的 244.6 亿美元，复合年

增长率高达 89.3%。随着 LoRa、NB－IoT 等 LPWAN 技术的成熟和广泛应用、IoT/M2M 应用的逐渐普及、不同设备间远距离联网需求的快速增长，以及 LP-WAN 技术本身具备的低成本和低功耗等优势，这些因素的叠加促成了 LP-WAN 市场的快速增长。

目前，全球 LPWAN 两大阵营 NB－IoT 和 Lora 正在多方面力推 LPWAN 大规模商用。从商用部署的角度来看，一方面传统主流的运营商、设备、芯片厂商均支持 NB－IoT 技术，这些巨头在全球大部分地区已部署蜂窝网络，未来在此基础上快速部署 NB－IoT 网络相对容易。因此可以预测，全球电信运营商将更加倾向于基于 NB－IoT 的 LPWAN 网络。另一方面，NB－IoT 尚未完成标准化流程，目前还没有基于 NB－IoT 的商用网络；而 LoRa 此前的商用化进程速度较快，已经得到不少电信运营商乃至有线运营商的青睐，目前全球多家运营商都已开始运营或者正在部署基于 LoRa 的网络，具备了一定规模。从目前来看，运营商级 LPWAN 市场已形成两大阵营，NB－IoT 与 LoRa 将占据大部分份额，这两大阵营的背后都是有完整的产业生态系统支撑，未来运营商级 LPWAN 领域可能将形成双寡头的局面。

四、VR/AR 市场空间进一步提升

2016 年 Oculus Rift、HTC Vive、Gear VR 2、Playstation VR 和 Daydream View 相继面市。由于《口袋妖怪 GO》的成功，增强现实再次获得人们的关注。《口袋妖怪 GO》发布仅 3 个月就为移动 AR 市场带来 6 亿美元的收入，超过了 VR 游戏软件市场 2016 年一整年的收入。2016 年年底 Snap 发布了智能太阳镜 Spectacles。2016 年 VR/AR 市场规模 39 亿美元，其中 VR 收入 27 亿美元，AR 收入 12 亿美元。VR 正在稳步发展，但是 AR 仍然面临着 5 大挑战：主流设备、电池续航能力、移动连接、应用生态和电信交叉补贴。

随着 AR 和 VR 的发展，将形成多元化的商业模式。虽然硬件销量仍然很重要，但是广告收入、电子商务销售、移动网络数据和应用内购买将越来越重要，这些合起来将占 AR/VR 收入的 75%。

第二节　全球无线电管理发展概况

一、全球先后出台5G频谱相关政策

（一）欧洲

欧盟5G部署主要从不同的低、中、高频段满足不同的5G需求。欧盟一直希望能确立全球统一的5G技术标准，以实现5G时代蜂窝网络的全球互联互通以及产业规模效益，因此主张建立全球统一5G频段。频谱规划方面，2012年欧洲发布"The Radio Spectrum Policy Program"决议，敦促EC想尽一切办法规划1200MHz带宽支撑移动宽带（mobile broadband）产业的发展，其中C-band（3400—4200MHz）是这1200MHz的重要组成。随后，欧洲ECC通过决议将3400—3800MHz频段划分给包括IMT业务在内的移动通信网络业务使用，并于2014年完成了3400—3600MHz的IMT规划方案，TDD和FDD两种规划方案并存且优选TDD。此外，2013年6月欧盟委员会无线电频谱政策顾问工作组（RSPG）提出3800—4200MHz频段是满足未来大容量需求尤其是城区的重要频段，并敦促EC开展此频段上同卫星固定业务的共存研究。2016年7月31日，RSPG完成了对5G频谱的公开征求意见，征求意见稿在低频段聚焦700MHz、3400—3800MHz，高频在24.5—27.5GHz、31.8—33.4GHz和40.5—43.5GHz（欧洲内部各国发展不平衡，需要考虑各国需求）。随后9月，欧盟委员会正式公布了5G行动计划（5G for Europe：An Action Plan），计划在2016年年底之前提供临时频率供测试使用，测试频率需要同时包含1GHz以下、1—6GHz和6GHz以上。2016年11月10日，RSPG正式发布欧洲5G频谱战略，包括：

● 3400—3800MHz频段是2020年前欧洲5G部署的主要频段，连续400MHz的带宽有利于欧盟在全球5G部署中占得先机。

● 1GHz以下频段，特别是700MHz将用于5G广覆盖。

● 24GHz以上频段是欧洲5G潜在频段，RSPG将根据各频段上现有业务和清频难度为 24GHz 以上频段制定时间表。

● 建议将 24.25—27.5GHz 频段作为欧洲 5G 先行频段，建议欧盟在 2020 年前确定此频段的使用条件，建议欧盟各成员国保证 24.25—27.5GHz 频段的一部分在 2020 年前可用于满足 5G 市场需求。

● RSPG 将研究对 24.25—27.5GHz 频段上现有的卫星地球探测业务、卫星固定业务、卫星星间链路及无源业务的保护。

● 31.8—33.4GHz 也是适用于欧洲的潜在 5G 频段，RSPG 将继续研究此频段的适用性，建议现阶段避免其他业务往此频段迁移，保证此频段在未来便于规划用于 5G。

● 40.5—43.5GHz 从长期来看可用于 5G 系统，建议现阶段避免其他业务往此频段迁移，保证此频段在未来便于规划用于 5G。[①]

（二）美国

美国频谱规划方面，2016 年 7 月，FCC 正式公布将 24GHz 以上频段用于 5G 移动宽带运营的新规则，这意味着美国成为全球第一个正式将高频段频谱规划用于下一代移动公众通信网络的国家。已规划的 4 个高频段包括：28GHz、37GHz 和 39GHz 频段 3 个授权频段以及 64—71GHz 范围的 1 个非授权频段。其中部分频谱不在 WRC – 19 AI1.13 的 5G 候选频段研究的范围之内。美国军工发达，在高频上产业基础好，FCC 发布的 5G 高频规划也是基于美国当前的产业基础考虑的。

（三）日韩

日本方面，计划于 2020 年实现 5G 商用，支持东京奥运会。目前将 3.5GHz 频段（3480—3600MHz）作为 TDD 频谱用于 4G 服务，2014 年年底已分配给三家运营商。2016 年 7 月 15 日发布 5G 频谱策略，提议将 3.6—3.8GHz、4.4—4.9GHz 和 27.5—29.5GHz 频段作为于 2020 年推出 5G 服务的潜在备选频段。日本进一步规划在 2020 年前提供全部 C 波段频率为 IMT 使用。

韩国将于 2018 年年初开展 5G 预商用，支持平昌冬奥会。目前已指定了

---

① 鲁义轩：《全球 5G 商用时间再拉近：从欧盟发布 5G 频谱看各国 5G 不同》，《通信世界》2016 年第 31 期。

28GHz 频段（26.5—29.5GHz）作为 5G 的实验频段来进行商用，业界对 28GHz 频段已有很多研发投入。此外，20GHz、32GHz、50GHz，甚至 70GHz 的频段都被作为 5G 备选频段来做试验。近期，韩国明确将 3.5GHz 频段的 300MHz 的频谱用于 5G。

二、频谱共享已成为全球主流趋势

（一）美国

一是从未来 5G 用频来看，5G 业务将与其他无线电业务频谱共享。美国在 2016 年 7 月公布的 5G 移动宽带运营的新规则中，在将近 11GHz 的规划频率资源中，有 7GHz 为非授权频谱，这意味着将来这些频段的 5G 应用将要与其他无线电业务进行频谱共享。

二是从企业研发创新来看，美国高科技公司积极跟进相关技术研发试验。谷歌公司于 2016 年 4 月获准在密苏里州堪萨斯城开展基于 3.5GHz 频谱许可共享接入技术的试验，借助路灯杆和其他构筑物部署天线来提供无线宽带接入服务，以补充谷歌光纤公司（Google Fiber）服务的覆盖，这是许可共享接入技术（LSA）在美国的进一步尝试。

三是从军民融合来看，美国军方鼓励和探索频谱共享。随着军事领域越来越多的无线电系统（例如战术无线电台）协同任务与日俱增，开发实时频谱共享能力迫在眉睫。灵活共享无线频谱的能力预计将随着更多无人战车和无人机的部署得到增强。同时，由于国防部将于 2020 年释放 500MHz 频谱用于商用，提高频谱效率变得更加紧迫。为此，2016 年 3 月，美国国防部下属的美国国防部先进研究项目局（DARPA）宣布了"频谱协同挑战"计划，旨在利用新兴的机器学习工具，开发能够实时适应拥挤频谱的智能系统，提高整体无线信号传输。

（二）英国

一是发布空白频谱（White Space）管理规则。2016 年年初，为了避免空白频谱与其他频谱的使用者相互干扰、提高频谱利用率，英国电信监管机构 Ofcom 发布了针对空白频谱的管理规定，这标志着英国在监管频谱共享使用方面又向前迈进了一步。

二是针对共享 C 频段频谱展开磋商。Ofcom 认为尽管要考虑广播、卫星及大型活动等频谱需求，但也必须为移动行业留足频谱资源，而频谱共享能够充分利用有限的频谱资源。为此，Ofcom 已经对制定频谱共享的框架征求有关方面的意见，首先考虑的是用于卫星宽带、固定线路及固定无线宽带服务的 C 频段的 3.8—4.2GHz 频谱。

（三）法国

2016 年 1 月，法国政府与爱立信等科技公司达成协议，将针对未来5G采用授权频谱共享（LSA）管理方式推出无线频谱共享试点。在具体的试点方案中，法国国防部将与爱立信共享 2.3—2.4GHz 频段的无线接入网络。LSA的管理方式允许移动电信运营商与相关的机构和单位在必要的防护措施下共享未使用的频谱，从而为未来多样化的移动服务提供更高的传输速率和网络容量。

（四）印度

2016 年，鉴于印度内陆农村地区尚未迈入数字化行列，印度政府决定在这些地区试点使用空白电视频谱。共有 8 家机构获得了了总共 127MHz 空白电视频谱，用来改善数千个村庄的网络接入状况。动态频谱联盟（DSA）执行理事 H. Nwana 教授表示，印度有 8.33 亿的农村人口住在 64.1 万个村庄中，占总人口数的 69%。农村地区的电信普及率只有 48.66%，而城市的电信普及率达到 149.7%，两者间相差 101.04%。电视空白频谱的使用将使两者之间的差距缩小。

（五）菲律宾

2016 年 5 月，菲律宾运营商 Globe Telecom 公司获得有关部门许可在该国两个海岛省份开展一项试点项目。此项目旨在测试使用 UHF 和 VHF 范围内的广播电视频道的空闲频率（即在 54MHz 和 806MHz 之间的电视空白频谱，TVWS）解决无线宽带需求的可行性，用更快速且更经济的方式实现无线宽带的覆盖。因其长距离传播特性及穿透能力，电视空白频谱在菲律宾被认为是一种理想的无线数据传输频段。

第二章 2016 年中国无线电领域发展概况

本章主要从无线电技术与应用和无线电管理两个方面梳理了 2016 年中国无线电领域发展概况。无线电技术与应用方面，2016 年我国热点主要集中在以下几点：一是我国 4G 网络规模已位列全球第一，二是我国低功耗广域网成长空间巨大，三车联网产业生态进一步完善。无线电管理方面，一是频谱使用评估取得良好成功，常态化运行机制初步形成；二是频谱资源配置紧扣信息化发展需要，支撑经济社会发展和国防建设的力度持续加大；三是台站管理基础进一步夯实，管理中心逐步向事中事后转移；四是干扰排查和专用频率保护长抓不懈，电磁环境得到有效净化；五是无线电安全保障护航国家重大活动，进一步彰显电波卫士责任担当；六是对外协调合作稳中有进，频率台站国际权益维护取得新成果；七是《无线电管理条例》修订出台，法制建设取得重大突破；八是"十三五"各项任务进展顺利，技术手段和能力建设水平稳步提升；九是宣传与培训成效显著，针对性有效性进一步提升。

第一节 中国无线电技术及应用发展概况

一、4G 网络规模全球第一

截至 206 年 11 月底，我国 4G 用户总数达 7.34 亿户，4G 基站总数达 249.8 万个，我国已建成全球规模最大的 4G 网络。4G 时代，我国不仅实现了主导移动通信标准的产业化和全球规模商用，而且产业研发实力和产业国际竞争力显著提升，目前已经围绕 TD－LTE 标准，拥有网络系统、移动终端、手机芯片等完整产业链。此外，我国移动通信行业国际标准参与度显著提升，我国主导制定的 TD – LTE – Advanced 成为 4G 国际标准之一。

二、低功耗广域网成长空间巨大

一是市场规模快速增长。LPWAN 作为近几年才开始商用的物联网接入技术，在我国还处于刚刚起步的萌芽阶段。这一次的中国低功耗物联网市场没有被动地等待欧美市场发展成熟后的复制，而是从起步阶段就已经开始积极地参与其中，华为、中兴等电信设备商已经在这一领域标准制定上具有了很大话语权，相关芯片和设备的研发已经就绪。从我国市场应用层面来说，LP-WAN 技术已经应用或者即将商用的主要有 LoRa、NB – IoT 以及国内的一些创新型公司自主研发的一些具有这方面特性的无线技术，比如由纵行科技研发的 ZETA 技术、洲斯物联研发的 Interbow、晓渡科技研发的 topwave 等。从多个角度来说，2015 年都可以被认为是 LPWAN 元年，这一年，三大低功耗广域网技术 ngenu、Sigfox 和 LoRa 技术都崭露头角，在不同领域证明着自己的可行性。由于目前在我国市场有规模应用的主要是 LoRa 技术，因此书中关于市场规模的计算和预测也是基于 LoRa 技术的应用。LoRa 技术应用中，主要硬件设备有 LoRa 技术模块、网关和其他设备以及由此形成的服务等。根据物联网智库的统计和预测，我国 2016 年 LPWAN 市场规模从 2015 年的 5.474 亿元增长至 8.83 亿元，而这一数字到 2020 年将达到 30 亿。

二是产业生态逐渐成熟。先看 LPWAN 产业链上游，芯片是 LPWAN 行业的核心原材料，由于技术性壁垒较高，芯片供应商群体数量并不多。目前，LoRa 技术应用中，芯片基本由 Semtech 供应，Semtech 也正在与其他芯片厂商合作推行芯片授权方式。NB – IoT 技术在中国市场还没有正式商用，其芯片供应商相对 LoRa 来说参与者众多，具有更强的竞争性，华为、高通、联发科、英特尔等厂商都会开发基于 NB – IoT 通信技术的芯片。LORA 模块的封装需要有 MCU 进行运算储存与控制。LORA 模块的功能比较简单，大部分只需要有 8 位或者 16 位的 51 单片机即可。LORA 芯片对于 MCU 没有特殊的要求，模块开发商可以根据模块的功能要求以及性价比自由地选择 MCU。目前比较受 LORA 模块企业欢迎的 MCU 厂家有：意法半导体（ST）、德州仪器（TI）、微芯科技（Microchip）、瑞萨（Renesas）、爱特梅尔（Atmel）等。总体来说，目前 LPWAN 供应商规模偏小，主力军是一批新兴企业，如八月科技、武汉拓宝、深圳唯传、北京门思等等。这些新兴公司以 LPWAN 为主营业务，不遗余力地开拓和推广 LPWAN 应用。这些厂商的规模的营业额大的为千万级别，小的百万级别。另外有部分传统的无线通信产品的方案供应商在接触这个领域的业务，但是因为 LPWAN 的市场份额还不是很大，所以这类公司更多的是把 LPWAN 作为一个未来技术发展方向，目前在这方面的推进力度不是很大，占其总业绩的比例也很小。再看 LPWAN 下游（应用），目前 LPWAN 技术在智慧城市（主要是智能表计）、资产人员定位等、建设管理、智慧农业等领域有应用案例。从业务模式来分，LPWAN 的采购用户可以分为终端设备厂商和行业最终用户两类。前者和 LPWAN 供应商一起为最终用户提供应用 LPWAN 技术的整体方案。

三、车联网产业生态进一步完善

随着车联网技术的提高和普及：安全类、导航类、娱乐类、车务类、维护类、优惠类等服务逐渐适应和满足大众消费者需求。根据全球移动通信系统协会（GSMA）和英国咨询公司 SBD 联合调查数据显示，到 2018 年车联网的市场规模有望达到 390 亿欧元，31% 的车辆均会安上前装车载系统，其中，交通信息、呼叫中心、在线娱乐等服务将带来 245 亿欧元的收入，而相关硬件也会带来 63 亿欧元的销售额。车联网将在未来 5 年内迎来发展黄金期。我国作为世界第一汽车市场，发展潜力巨大。从 2010 年至 2015 年，我国车联网用户数量从 350 万增至 1700 多万，年复合增长率达到 37%，发展速度迅猛。但车联网的渗透率依然很低，考虑到车联网行业发展的多元化，加之政府、企业以及个人消费者的强大需求，易观智库预计，2020 年中国车联网用户将超过 4000 万，市场规模达到 2000 亿元，将占到全球份额的 60%。

从产业生态来看，一是产业链已进入优胜劣汰阶段。2016 年，与摄像头、雷达、控制、传感器等主动安全相关的车联网产品正在加速发展。前装市场比例加大，后装板块优胜劣汰趋势明显。前装产品开始侧重集成实时路况、联网导航、本地服务、流媒体的车联网服务，后装产品则逐步与智能后视镜、行车记录仪、抬头数字显示（HUD）等新兴产品形态整合。二是传统车企、

IT 公司纷纷布局，促进产业生态完善。最初进入车联网领域的是具有天然优势的传统汽车厂商。以丰田 G－BOOk、通用安吉星为代表，成为车联网的雏形。经过了几年的发展，汽车厂商自己的车联网系统不断升级，也不断有其他的厂商推出了自己的车联网系统，如宝马的 iDrive，奔驰的 myCOMAND 等，近两年，自主品牌也纷纷发布了自己的车联网品牌。从传统汽车厂商推出的车联网产品来看，虽然经过多年的实践已经有了跨越式的发展，但是受制于自身局限的约束，各家厂商都在各自为战，缺乏共享精神，在车联网跨时代的过程中，传统汽车厂商并不可能真正成为颠覆的代表。随之而来的是各大IT 公司的加入，BAT 三巨头首当其冲。2015 年 4 月阿里巴巴成立汽车事业部，并推出了 YunOS 车载系统。腾讯在去年推出了"腾讯车联开放平台"，并发布了"车联 ROM""车联 APP"以及通过微信、QQ 连接汽车的"我的车/MyCar"服务。2016 年 2 月，腾讯在深圳九州展上开放了其第二代产品。百度是 BAT 中车联网业务走得最快的，已经推出了 CarLife、MyCar、CoDriver 等产品，并在不断更新。百度的车联网布局层次比较丰富，战略思路相对清晰。总体而言，车联网上下游产业链的不断优化以及传统车企和 IT 公司的参与，2016 年我国车联网产业生态进一步完善。

第二节　中国无线电管理发展概况

一、频谱使用评估取得良好成功，常态化运行机制初步形成

2016 年，全国各级无线电管理机构以频谱使用评估专项活动（以下简称"专项活动"）作为全年工作抓手，依托现有监测设施，拓展新的技术装备，研究新的技术标准，采取分维度测试、广地域覆盖、多角度比较的方式，对公众移动通信、通信卫星等系统频段的使用效率进行了总体测试评价。各地无线电管理机构高度重视，精心组织，扎实推进，全面掌握了全国建成区公众移动通信频段和卫星重点频段的频率使用状况。通过专项活动，相关工作机制和技术标准规范基本建立，频谱占用情况的可视化程度大幅提升，频率

管理的数据基础进一步夯实，朝加强事中事后监管，实现频谱资源闭关管理迈出坚实一步。

二、频谱资源配置紧扣信息化发展需要，支撑经济社会发展和国防建设的力度持续加大

基本完成《无线电频率划分规定》（以下简称《划分规定》）修订工作。无线电管理局会同军队频管机构，组织相关部委、国家无线电监测中心、认真听取各省（区、市）无线电管理机构、行业协会、产业联盟和运营商等单位意见，起草形成《划分规定》送审稿。本次修订落实 WRC – 15 大会成果，适应无线电技术发展和应用趋势，结合我国具体情况和中长期频率需求，对频率划分作出了优化调整。修订共涉及无线电业务 13 种、频段 110 个，针对国际脚注的修订有 210 条，针对国家脚注的修订有 9 条。

稳步推进 5G（IMT – 2020）等重点频率规划工作。完成 3.4—3.6GHz 频段 5G 技术研发试验用频协调，组织开展 IMT 系统与卫星系统电磁兼容及 6GHz 以上频段 5G 系统频率规划研究。协调批复车联网试验和 230MHz 频段宽带载波聚合技术试验用频。明确 NB – IoT 候选频段。

统筹协调各行业领域用频需求。支持公众移动通信技术由 2G、3G 向 4G 演进。推进 1880—1885MHz 频段频率腾退，提高频谱资源利用效率。支持铁路部门在 450MHz 频段开展 LTE – R 技术试验。规划 401—406MHz 频段，满足医疗植入无线电通信系统用频需求。各地积极开展 1.4GHz 宽带数字集群专网综合规划，做好行业部门 800MHz 数字集群通信系统和 1.8GHz 频段无线接入系统频率配置。

扎实做好卫星频率和轨道资源日常管理。拟制《卫星网络申报协调与登记维护管理办法》送审稿、《设置卫星网络空间电台管理规定》修订稿，落实《关于加强卫星频率和轨道资源管理的指导意见》。全年共完成 18 个卫星网络空间电台相关的行政许可，重点做好实践十号返回式科学实验卫星、量子卫星、风云三号 D 星等项目相关卫星频率和轨道资源协调，服务国家重大卫星工程。

三、台站管理基础进一步夯实，管理中心逐步向事中事后转移

健全台站设备日常监管机制。认真做好无线电台站执照核发登记工作，截至 2016 年年底，全国已办理执照的台站达 443.46 万个（不含军队台站及移动通信终端），较 2015 年年底增长 15.6%。严格执行无线电发射设备型号核准制度，全年共核准无线电发射设备 7798 个型号。

加大台站国际申报力度。合理制订台站资料申报计划，及时准确向国际电联申报资料。我国在国际电联登记的频率台站数量大幅增长，重点边境地区国际频率协调的优势地位正在逐步形成。吉林、辽宁、广西、云南等省扎实做好申报基础工作，注重数据质量，为边境频率谈判提供有力支撑。

四、干扰排查和专用频率保护长抓不懈，电磁环境得到有效净化

持续提升日常监测和干扰查处工作效能。各地严格落实监测月报制度，及时处理无线电干扰申诉，全年共受理干扰 5874 起，查处干扰 6208 起，罚没违法设备 3660 台（套）。湖南成功排除国家应急通信业务所受干扰。江西严厉打击非法生产销售和使用信号屏蔽设备行为，查处相关案例 37 起，查获设备 148 台套。

持续抓好专业频率保护和干扰隐患排查。切实发挥航空、铁路等专用频率保护长效机制作用，保障专用频率使用安全。全国范围内开展了民航地空通信频率干扰查处专项整治活动。顺利完成多起外国政要访华临时频率审批和保障任务。浙江、北京、河北、安徽、江西、江苏、上海积极配合 G20 峰会安保工作，做好当地机场航空专用频率保护。陕西对民航、铁路等重点单位重要业务频率实施全时段保护性监测，排除多起干扰隐患。湖北保障城市防汛排涝和溃口应急抢险无线电通信畅通。

严厉打击"伪基站""黑广播"等严重违法设台行为。根据国务院的统一安排部署，密切配合公安、广电、民航等部门，重拳打击"伪基站""黑广播"，取得了显著成效。全年共配合查处"伪基站"违法犯罪案件 2048 起，鉴定"伪基站"设备 2706 台（套）；查处"黑广播"案件 3275 起，年末"黑广播"案件数较 4 月份高发期下降了 28.1%。相关工作获刘延东副总理、

马凯副总理、郭声琨国务委员批示肯定。

此外，各地积极配合考务部门，严厉打击在普通高考、研究生入学考试、国家公务员考试等重大考试中利用无线电设备进行考试作弊行为。

五、无线电安全保障护航国家重大活动，进一步彰显电波卫士责任担当

保障丝绸之路国际汽车拉力赛安全顺利举行。落实中央领导和部领导指示，无线电管理局会同有关单位，累计出动人员 1988 人次、车辆 438 车次，跨越 5 个省份，行程达 37100 公里，监测时长达 7228 小时，保障了中外近 500 辆车辆、数千赛事人员的用频安全。

圆满完成 G20 峰会无线电安全保障工作。根据中央领导和部领导批示精神，会同外交部、公安部、安全部、广电总局、民航局等部门和单位，组建"G20 峰会安保组无线电管控小组"，以国家无线电办公室为总牵头、浙江省等四省一市为主体，军地 13 家单位相互配合，构建了主会场、杭州核心地区、杭州周边市县、浙江周边省市、京津冀全域五级无线电安保圈，实现了把重点频率保障好、把各方需求协调好、把峰会区域电波秩序维护好的目标。

此外，依托部系统资源，牵头组建了刘利华副部长任组长的冬奥会工业和信息化部工作领导小组，明确了工作职责。河北、北京赴场馆所在地开展实地勘查，冬奥会无线电安全保障筹备工作启动。

六、对外协调合作稳中有进，频率台站国际权益维护取得新成果

推进边境无线电频率协调工作。有序开展中越、中俄边境地区以及内地与香港地区无线电业务频率协调会谈。积极稳妥开展中朝边境频率协调，取得积极成效。全年累计处理与俄罗斯、朝鲜、日本、哈萨克斯坦、越南等国的日常协调函件 400 余件，完成 1668 个台站的协调工作。

加强卫星频率和轨道资源资料申报和协调。与日本、荷兰、韩国、印度尼西亚以及澳大利亚主管部门进行了多次卫星网络协调会谈。全年共处理国际间协调函电 1600 余件，向国际电联申报各类卫星频率和轨道资源资料共 111 份。

积极参与无线电管理国际事务。进一步加强国际电信联盟无线局（ITU－R）、亚太电信组织（APT）研究组国内对口组的管理和指导，健全完善2019年世界无线电通信大会（WRC－19）议题国内准备工作组组织结构，进一步细化分工。深度参与国际无线电规则制定，圆满完成APG19－1会议承办和参会工作，推动亚太地区共同提案形成。

七、《无线电管理条例》修订出台，法制建设取得重大突破

新修订的《无线电管理条例》（以下简称《条例》）发布实施。2016年11月11日，新修订的《条例》由国务院和中央军委联合发布，自12月1日起正式实施。这是《条例》自1993年发布实施以来第一次修订。此次修订以科学合理配置频谱资源，更好地维护空中电波秩序为出发点、落脚点，对频率管理、台站管理、发射设备管理、电波监测、秩序维护、法律责任等方面的主要制度进行了全面修订，为进一步促进无线电频谱资源有效开发利用，推动无线电管理各项工作规范化、制度化提供了更加强有力的法律保障。《条例》发布后，苗圩部长在《人民日报》发表署名文章，明确了《条例》宣传贯彻重点任务和工作思路，国家无线电办公室第一时间举办了全国宣贯会和培训班，完成了《条例》释义初稿编写工作，各地也及时启动了《条例》宣传。

开展配套法规规章及规范性文件编制修订。制定发布《边境地区地面无线电业务频率国际协调规定》。起草《条例》中处罚条款的裁量标准初稿。研究完善行业无线电管理工作制度，会同铁路部门起草形成《铁路无线电管理规定（初稿）》。围绕频率、台站、无线电发射设备管理及电波秩序维护等方面的制度变化，研究相应工作措施。配合最高检、最高法、起草《刑法修正案（九)》中"扰乱无线电通讯管理秩序罪"的相关司法解释。

深入实施无线电管理行政审批制度改革。梳理无线电管理行政审批事项，核对中央指定地方实施行政许可事项清单和市场准入负面清单。落实简政放权，总结经验做法和经典案例，主动建立无线电管理行政审批事项动态档案。取消无线电台（站）设置和地球站站址电磁环境测试两项行政审批中介服务事项。

各地加快地方无线电管理条例立法和相关法规规章制定工作。甘肃积极争取将本地无线电管理条例列入立法计划；贵州发布实施《射电望远镜电磁波宁静区环境保护条例》，为 FAST 项目电磁环境保护提供更加充足的法律依据。

八、"十三五"各项任务进展顺利，技术手段和能力建设水平稳步提升

"十三五"规划体系基本成型。推动将无线电管理相关内容首次写入《中华人民共和国国民经济和社会发展第十三个五年规划纲要》，在国家战略层面明确了无线电管理工作的定位，形成国家总体规划、无线电管理专项规划和地方发展规划相互衔接、有机统一的格局。编制发布《国家无线电管理规划（2016—2020 年）》（以下简称《规划》）和省级技术设施建设指导意见，明确未来五年无线电管理工作的思路、目标、任务和技术设施建设方向。各地积极开展规划编制，24 个省（区、市）的无线电管理"十三五"规划正式印发。

强化标准体系建设。积极开展强制性标准整合精简，推动无线电领域团体标准先试先行。完成通信行业标准立项 15 项、国家标准 6 项、行业标准报批 1 项，发布行业标准 1 项、国家标准 2 项；整合精简 6 项强制性标准及 1 项强制性标准计划；指导中国无线电协会完成 16 项团标立项。

规范频占费转移支付资金使用管理。配合财政部完成 2016 年频占费资金使用计划业务审核和资金划拨。细化频占费资金使用管理和建设项目管理相关规定，建立第三方机构业务评估工作机制和频占费资金执行情况季报制度。加强对频占费资金使用的日常监督指导，完成 2015 年全国频占费资金使用绩效试评估，开展对 6 个省（区、市）的频占费资金财务抽查。

九、宣传与培训成效显著，针对性有效性进一步提升

印发《全国无线电管理宣传工作指导意见》及《2016 年无线电管理宣传工作实施方案》，积极开展"世界无线电日"和"无线电管理宣传月"宣传活动，指导中国无线电协会启动"国家无线电管理"宣传标识和口号征集与

评选活动。充分发挥宣传工作站体系作用，规范《无线电管理工作通讯》稿件写作、审核和投稿组织，提高办刊质量和水平。进一步加强无线电管理专业人才培训工作，全年共举办"十三五"规划、频谱使用评估，无线电安全保障和行政执法等专项业务培训 7 期，400 余人参训，专业人才队伍素质不断提高。

各地结合重点工作，开展了形式多样的无线电管理宣传和培训活动。辽宁、天津、上海、安徽等地坚持"黑广播"打击治理与舆论宣传双管齐下，对"黑广播"违法犯罪行为形成了强有力震慑。山西组织全省 12 所学校、青少年活动中心 99 名运动员参加 2016 全国青少年无线电测向锦标赛，获得好成绩。海南借党建工作向省委、市县有关领导宣传介绍无线电管理工作。天津连续第六年组织开展青少年业余无线电卫星通讯大赛。

专题篇

第三章　无线电技术及应用

本章主要从无线电技术与应用方面详细介绍了 2016 年全球无线电技术发展和应用概况。一是全球 5G 发展已经进入研发试验阶段，二是太赫兹研发工作取得阶段性成果，低功耗广域网发展迅速，三是工业互联网在世界范围内已经得到广泛应用。

第一节　5G

5G 最大的特点就是可以提供丰富的应用场景，从虚拟现实、增强现实到无人驾驶，再到工业自动化乃至层出不穷的垂直化应用。不同的应用场景对 5G 提出不同需求。当前 5G 研发已在全球各个主要国家间投入了极大的热情，并且愈演愈烈。

一、发展现状

2016 年，业界对于 5G 移动通信技术的研发开始全面提速。韩国和日本已经相继宣布，将在 2020 年开始部署 5G 移动通信商用网络；美国联邦通信委员会已经发布了其 5G 移动通信频谱规划，Verizon 已经在开展 5G 技术试验；我国工信部正组织业界开展 5G 关键技术试验。我国已明确了要在"十三五"期间为 5G 提供 500M 的频谱资源，正在与日韩、美国、欧洲等对手展开一场 5G 网络的竞赛。

（一）国外

国际上关于 5G 的研究，国际电信联盟已制定了 5G 愿景规划，计划 2020 年将标准制定完成，2018 年 9 月完成第一阶段，2020 年 3 月完成第二阶段。

美国联邦通信委员会于 2016 年 7 月 14 日公布了 "频谱开发计划"（Spectrum Frontiers），大胆进入新的频谱领域，并面向 5G 开启大量毫米波频谱研究。奥巴马政府已决定在 5G 无线技术研发和网络测试领域投入 4 亿美元。

日本计划 2020 年前完成 4.5GHz 5G 商用系统部署。

韩国计划于 2018 年进行 5G 预商用试验，KT 计划将于 2019 年在全球提供首个商用 5G 网络。

欧盟确定 700MHz/3.4—3.8GHz 为 5G 的先发频率；依托 5G PPP 项目，最晚于 2018 年开始 5G 预商用试验，力争 2020 年前后实现商用。

（二）国内

随着 2020 年 5G 商用期限的临近，2016 年年初我国开始 5G 技术研发试验。现在已经完成了第一阶段测试。我国于 2016 年 9 月开始开展 5G 研发技术试验第二阶段，第二阶段测试工作将基于统一的设备规范和测试规范，面向 5G 典型场景开展测试。中国主导推动的 Polar 码被 3GPP（国际移动通信标准化组织）采纳为 5G eMBB（增强移动宽带）控制信道标准方案。

中国移动在 5G 领域投入巨大，已在推动试点 3D-MIMO、软件定义空口、以用户为中心网络以及 "三云一层" 的网络架构。并且为了进一步发展 5G，其广泛汇聚国际运营商信息，分享试验进展、测试结果。

中国电信已经进行了 5G 关键候选技术研究、5G 技术评估体系建设以及样机性能研究与验证，具体研究内容包括总体网络架构和接入网架构。

中国联通提出了 5G 云网络架构，目标就是实现从专用的电信网络到通用网络平台的转变。目前已经完成 5G 端到端网络架构关键技术布局，并完成 5G Open Lab 建设，基本满足 5G 业务演示和单点技术性能验证。

二、主要问题

（一）5G 标准尚未出台

5G 在标准、关键技术、频谱问题等方面都没有形成统一，在移动网络技术向 LTE（长期演进技术）迁移时，运营商除了解决共同的标准问题外，还需要支持全球几十种频段，包括解决 FDD-LTE 和 TD-LTE 两种不同系统模式的兼容问题。因此，在 5G 实现标准化之前，一些运营商就开始超越标准化工作，转而积极定义起部署案例，显然是增加了分歧的风险。

（二）5G 网络设备研发面临挑战

5G 网络将是多业务、多接入技术和多层次覆盖的系统，融合并合理利用，提供良好的用户体验和强劲的网络功能是摆在我们面前的主要问题；另外，为了支持 5G 组网，设备技术研发难度加大，网络基础设施建设费用增加，运营维护等都需要面临全新的挑战。此外，面向 5G 的移动终端可能要同时支持十多个、不同制式的无线通信技术，芯片设计难度更大，从网络传输架构角度再考虑网络虚拟化技术、SDN、NFV 等等技术，也需要在无线移动通信网络建设过程中深入研究和设计。

三、措施建议

（一）加快 5G 技术 6G 以下中低频频谱规划工作

伴随 5G 等工业互联网工厂外新技术的发展，频谱资源需求进一步增加，为其新增候选频段也成为国际积极推动的工作之一。6G 以下中低频是工业互联网工厂外无线通信技术频谱资源的核心频段，是实现连续广域覆盖和低功耗大连接、低时延高可靠物联网场景的必要频段。借鉴国外发达国家经验，3400—3600MHz 频段目前是全球频段，IMT 产业链将推动该频段尽可能一致的频率划分方案，以实现最大化的规模经济。因此建议积极推动完成 3400—3600MHz 的 IMT 频段规划，同时以此为核心，向上向下拓展，配置足够宽带连续频谱资源，以适应我国未来 5G 技术复杂场景的实现需求，提升国际竞争力。此外建议 2020 年前，进一步推进 3300—3400MHz（无线电定位、固定、移动业务）、4400—4500MHz（固定、移动业务）、4800—4990MHz（固定、移动业务和射电天文次要业务）标识为 IMT 频段的研究和试点工作，以支撑我国 2020 年前后的 5G 商用，为未来工业互联网场外通信技术发展储备充足的频谱资源。

（二）研究 5G 技术高频频谱资源规划可行性

基于未来工业互联网发展，可以考虑规划部分高频频段作为工业互联网工厂外通信大带宽频谱的补充频段。6—100GHz 范围内频段特性互为补充，优化组合可提供连续、大带宽业务。高频全球一致性频谱比较重要，可以支持、推动新的高频产业链的建立和完善，目前25GHz、28GHz、40GHz频段等已在全球范围内得到广泛支持。我国在高频器件上存在不小的挑战，结合我国相对产业技术优势（31G左右我国没有基础），参照我国无线电频谱划分规定，可以考虑开展24.25—27.5GHz、27.5—29.5GHz和37—43.5GHz中部分频段作为高频候选频段的可行性研究和试点工作，争取作为全球统一候选频谱，特别是实现中国和欧洲的统一，以有利于未来的规模经济，保证产业链的生态发展和漫游。

（三）加强产业链上下游各方协同发展

一是要依托IMT-2020（5G）推进组为平台整合国内产业力量。推进组包括了我国主要的电信运营商、设备终端制造商、高校以及科研院所等机构，汇聚了我国移动通信业产学研用的主体力量。在此基础上，进一步推动和建立产学研用一体化的5G研发及应用产业体系，加强平台中各参与者之间的互动，从而能够有效加快5G的研发进度。二是尽早开展5G产业化布局。从我国3G和4G的技术研发、标准争夺到最后的产业化进程来看，在标准争夺后更加需要关注的是产业之争。移动通信产业链涉及相关行业众多，结构比较复杂，包含运营、系统设备制造、测试设备制造、终端制造、网络优化、网络管理等多个硬件、软件及服务提供诸多参与主体，产业链各方的协同对于整个产业的持续健康发展有着不可替代的重要作用。

第二节　太　赫　兹

太赫兹波（THz，terahertz）介于毫米波和红外光波之间，波长范围为30—3000μm，频率范围0.1—10THz（$1THz=10^{12}Hz$），该频段是宏观电子学（宏观经典理论）向微观光子学（微观量子理论）的过渡阶段，其长波方向与毫米波相叠，短波方向与红外光波方向相叠，具有其独特的物理、频域和应用特性。自20世纪80年代，伴随激光技术和光导天线等技术进步，获得太赫兹脉冲源、太赫兹波探测等一系列突破，在成像与信号处理、深空探测、射电天文、生物与医学诊断等应用中取得不断进步。

鉴于太赫兹频谱处于电磁波的特殊区域，其传播和能量的特殊性在学术研究中具有很高的价值，我国取得一系列研究成果，比较典型的包括太赫兹通信技术、雷达技术和辐射源技术等。

一、发展现状

（一）国内

近年来，在太赫兹通信技术的创新研发方面，我国持续推进着力提升该领域的国际竞争力。首次实现了太赫兹无线音频信号传输，实现 4.1 THz 的太赫兹无线音频信号的传输，研制成功了 0.14 THz 太赫兹波通信系统和国内首部 0.1 THz（11 Gbs）无线通信系统，完成 0.14 THz 无线传输实时解调实验和 10 Gb/s 的软件解调实验。太赫兹雷达技术可以进一步提升雷达分辨率、穿透力、抗干扰力和反侦察力，我国已研发了国内首个 0.14THz 高分辨率逆合成孔径雷达成像系统，研制 0.14 THz 太赫兹雷达成像系统样机。太赫兹辐射源技术是推动太赫兹相关系统、研发应用及产业发展的关键所在，我国率先研制 5 至 8 微米波段半导体量子级联激光器，研制激射频率为 3.2 THz 的半导体量子级联，0.22 THz 一次谐波 THz 回旋管，0.42 THz 二次谐波 THz 回旋管。

（二）国外

美国于 2004 年将太赫兹技术列为"改变未来世界的十大技术"之一。美国政府进一步将太赫兹技术明确为国防重点科学。美国从事太赫兹技术研究工作的主要机构包括知名大学和国家重点实验室。其中，知名大学主要以常青藤盟校为核心，而国家实验室涵盖了国家加速器实验室（SLAC）、劳伦斯利弗莫尔国家实验室（LLNL）以及布鲁克海文国家实验室（BNL）等。

欧洲第五、第六框架研究计划（Framework Programme Five/Sixth，FP5/FP6）为欧洲地区跨国、企业间联合研发太赫兹技术提供了强有力的研发资金保障。欧洲地区的太赫兹技术研发取得了很多成功。其中，英国不仅研发了 l—10THz 频率范围内的宽频半导体振动器和检波器，还通过对相关企业风险投资，商用了小型医用太赫兹脉冲成像装置；法国对太赫兹频段所需的信号处理装置进行了重点研究；德国弗劳恩霍夫应用固体物理研究所搭建了一套工作在 220GHz 频段的无线通信演示系统，其在 1 公里的范围内实现了高达 40Gbit/s 超高速率传输。

日本早在 2006 年就成功搭建了 1.5 km 的全球首个太赫兹无线通信演示系统。2012 年，日本东京工业大学利用 542GHz 频段的载波，实现了 3Gpbs 的高速传输速率。除此之外，日本还与欧洲、北美等地区合建了阿塔卡马大型毫米波/亚毫米波天线阵（ALMA），成为世界最强射电望远镜之一。

二、主要问题

目前，我国针对太赫兹相关技术研究取得一系列成果，但要实现太赫兹波实际应用和产业发展，还存在很多政策和技术层面的不足，这给我国太赫兹频谱开发利用带来很大挑战。

（一）国内政策环境有待进一步加强

近年来，我国对频谱开发利用技术的关注程度日益提高，但总体而言，对太赫兹频谱开发利用的国内政策环境支持不是特别有力。首先是国内相关法律法规和配套规章不够完善，目前还没有明确针对高频段频谱开发和关键技术创新，促进太赫兹应用及产业化发展的国家层面的政策出台；其次是在市场化推动方面，在相关行业之间，或者典型应用行业内缺乏有力支持太赫兹关键技术的整体发展战略规划，当然某些其他行业规划中有条款提到高频段开发利用，但是针对性不是特别强，切合度不是特别紧密。与此同时，国内外研究机构、媒体等对于太赫兹频谱开发利用的研究成果和宣传力度不够，公众对于该频段特性、应用和开发意义缺乏全面的认知，这必然对国内相关机构把握太赫兹研发及设备研制方向带来不利影响。

（二）太赫兹频谱开发仍存在多方面技术难点

近年来，我国针对太赫兹频谱开发利用的研究主要集中在太赫兹通信系统研发、太赫兹雷达和太赫兹辐射源技术等方面，而且大部分还处于实验演示阶段，具体应用实现还存在很多方面的难点，技术广度和深度有待进一步提升。以太赫兹通信研究为例，对信号探测技术、高频段信号调制编码技术、太赫兹无线通信链路及信道建模技术、芯片间高速通信应用场景、太赫兹器件功率放大技术、光通信与无线通信网络共存与兼容问题等还需要进行更为深入和全面的研究。与此同时，与发达国家相比，我国在太赫兹相关技术的标准化推进工作上取得成果也相对较少，例如太赫兹物理层接入协议、无线通信标准和规章制定等方面，这对我国争取太赫兹频谱开发利用技术的国际领先地位也带来一定挑战。

（三）产业链各方参与性不强

当前，针对太赫兹频谱的规划在国际和国内都属于空白区，相关的技术指标、产业推动规划也没有完全明确，这就导致产业链的各方参与的动力不强，产业支撑力度比较薄弱。例如对于设备制造商而言，太赫兹频段的宽频段、超高速通信能力和传输特性，对于相关天线、芯片、器件（包括调制器、滤波器等有源器件和无源器件）等提出了更为严格的要求，研制成本大大提高，如果没有明确的频谱规划和产业政策引导，研发的成本和周期将大大超过企业的承载能力；而对于设备运营商而言，高频段频谱使用是推动产业发展的一个有效手段，但需要在国际和国家层面频谱规划达成共识的基础上，与频谱管理机构、设备商和应用部门共同推动，否则实现难度很大。

三、措施建议

（一）加大政策支持力度，营造太赫兹频谱开发利用的社会氛围

当前，发达国家在太赫兹频谱开发方面都积极参与，如美国组成包括国家航天局、美国国家基金会、国家卫生学会、十几个科研机构以及知名公司（贝尔、IBM 等）在内的研究团体，国家在政策方面给予大力支持。我们应借鉴相关做法，一是加快制定关于太赫兹频谱资源开发利用的法律法规及配套规章制度，从政策上鼓励、支持频谱资源高效利用的行动或专项计划；二是加大财政相关政策支撑力度，保证该领域科研工作的有效性；三是结合中国制造 2025、互联网＋、宽带中国战略等，协调相关部门和机构，根据各自的工作特点和实际需要，探索制定太赫兹频谱开发国家战略计划，研究相关重点、难点问题，从宏观把握该频段开发的方向和原则，提前做好战略布局。

（二）科学制定频谱规划方案，提升国际竞争力和引导力

太赫兹频段为 0.1—10THz（1THz = 10^{12}Hz），频谱范围非常宽，目前国

际国内还没有统一的频谱规划方案，是各国争相突破的重点问题之一，我国应积极开展相关工作：一是积极参与国际电信联盟（ITU）等机构关于该频段关键技术和频谱规划相关议题的研究工作，分析总结研究成果，把握研究方向；二是由于太赫兹频谱的频段极宽，全频段整体规划比较困难，因此可以根据重点产业和国防建设需求规划频谱，即结合国内产业布局和重点发展方向，广泛征求相关部门、设备商、运营商的意见和实际需求，积极开展前瞻性研究，探索制定分时间阶段、分频段的频谱规划方案，加快提升我国频谱规划引导力的步伐。

（三）加快关键技术研究，解决太赫兹频谱技术问题

近年来，各国针对太赫兹频谱技术研发都取得一定成果，但仍存在很多技术难点，我国应继续深入研究，推动太赫兹技术在产业中的广泛应用，一是进一步深入研究高功率太赫兹源、太赫兹传输及链路、太赫兹调制和相关器件技术、太赫兹探测、太赫兹通信和光通信兼容等难点技术，开展更多复杂场景的模拟演示；二是积极开展相关专项、重点技术课题前瞻性研究，对相关频段的技术兼容性进行研究和试验，据此制定相关的数据标准、限额指标、接入规则，推进太赫兹技术标准化，为后续开展设备研制和应用试点提供依据；三是持续加强与发达国家开展太赫兹频谱开发利用方面的交流与合作，同时整合国内资源，鼓励、支持企业与高校、研究院所开展联合研究和开发。

（四）强化基础保障工作，提高产业各方对太赫兹频谱利用开发的认知度

目前，国内相关机构和公众群体太赫兹频谱开发利用的认知度和参与度有待进一步提升，应加大宣传力度，调动各方积极性，发挥各方能动力，一是扩大媒介推广力度，相关机构可以通过新闻、报纸、网站、微博、微信等手段加大对该领域研究成果的宣传，提升社会认知度；二是加快人才队伍建设，结合太赫兹频谱开发利用针对性、倾向性的热点、难点问题，完善人才培养和引进的工作机制，扩充专业人才数量，强化科研力量；三是完善奖励、激励机制，针对产业链各方研究机构和企业，提供政策、资金等优惠政策，鼓励进行各种创新研发、应用和试点工作，为各方进行长期太赫兹频谱开发利用做好基础保障工作。

第三节 工业互联网

当前，以物联网、移动互联网为代表的全球信息技术革命正在推动新一轮产业变革，无线技术在工厂生产过程中各环节的应用越来越普及，从信息采集、数据传输和分析到最后生产决策控制都离不开无线技术的有力保障。目前，在工业互联网范畴，无线技术已经在工厂内部信息化、工业非实时控制、数据采集等领域得到了应用和推广，诸如 Wi-Fi、公众移动通信技术、Zigbee 等技术已经应用于工厂内的生产环节。除此之外，随着技术的不断演进，无线技术正在加速向工业实时控制领域渗透，成为传统工业有线控制网络有力的补充或替代，如 5G 已明确将工业控制作为其低时延、高可靠的重要应用场景，3GPP 也已开展相关的研究工作，对应用场景、需求、关键技术等进行全面的梳理，此外 IEC 正在制定工厂自动化无线网络 WIA – FA 技术标准。

一、发展现状

（一）国外

欧盟 2011 年就已经开始研究工业互联网频率的问题。根据工业无线技术所需的频率需求，初步提出了候选频段。2014 年，IEC 明确了专用频段为1.4—6GHz，并且至少需要 76 MHz 的频谱。IEC 同时还考虑了 ISM 频率功率控制的要求，以确保该技术能够更好使用 ISM 频段。

美国联邦通信委员会（FCC）已经将 3550—3700MHz 共计 150MHz 频段在频谱共享的条件下分配给移动宽带业务使用。2016 年 7 月，FCC 正式公布将 24GHz 以上频段用于 5G 移动宽带运营的新规则，这使得美国成为世界上首个将高频段频谱用于提供下一代移动宽带服务的国家。美国的军工发达，在高频上产业基础好，FCC 发布的 5G 高频规划也是基于美国当前的产业基础考虑的。

2016 年 3 月，韩国电信运营商 KT 推出基于全国 LTE – M 网络的"小物联网"（IoST）服务，投资 1500 亿韩元（约 1.2873 亿美元）新建窄带物联网（NB–IoT），为开发者提供 10 万个 IoST 传感器组件。并计划在 2018 年将连接 IoST 组件的数量增加至 400 万，以引领整个物联网行业的发展。

此外，KT 计划在 2016 年第四季度推出全国 NB–IoT 网络，并完成服务测试。KT 表示，该 NB–IoT 网络覆盖范围更广，相比 LTE–M 其提供的网络速度要快 10 倍。

（二）国内

2015 年，国家标准化管理委员会与工业和信息化部印发的《国家智能制造标准体系建设指南（2015 年版)》给出了工业互联网标准，主要包括体系架构、网联技术、资源配置和网络设备 4 个部分，其中在资源管理中还包括了频谱资源的管理。2016 年 2 月 1 日，中国工业互联网产业联盟成立，接受工业和信息化部业务指导，联盟下有 7 个工作组，分别是总体组、需求组、安全组、技术标准组、实验平台组、产业发展组、国际合作组。

二、主要问题

（一）现有的频率无法满足工业互联网无线应用的需要

由于工业互联网是一个新兴事物，有关的无线频谱没有统一的划分，标准化工作得不到统一开展，目前全球没有为工业应用规划专用频率，而是与工业、科学和医学共享 900MHz、2.4GHz、5.8 GHz 频段（即工业、科学、医学频段），市面上所有工业无线产品工作在 ISM 频段，其中主要运用 2.4GHz 频段。现有的频率规划不能满足互联网发展的需要。现有的工业频率都是与其他技术共享相同的频段，例如 WLAN、蓝牙等技术。这使得 ISM 频段电磁环境变得相对复杂。另外，由于工业不断发展，需要网络满足高速率、密集接入、高可靠性的要求。规划工业互联网专用频率能够促进工业互联网发展。

（二）工业互联网对频段范围、用频场景尚不明确

尽管无线技术有很多优势，相比于有线通信它自身也有一些劣势。第一，外界环境对无线通信有很大的影响。在车间和厂房中，由于大型机器排列不均，在这种环境下，无线电波会发生反射、绕射、散射以及多径效应，这就

要求工业互联网工作频段不能太高。第二，电磁环境较为复杂，一些电磁设备运转（例如马达和大型器械）也会对无线电波产生干扰。因此，工业互联网需要对用频范围做出规划。

（三）频谱资源日益短缺，供需矛盾日益凸显

我国国民经济各行业的发展，国防建设，以及"宽带中国""信息消费""两化融合"等国家战略实施等都需要更多频率支持，同时，随着新一轮科技革命和产业变革兴起，物联网、移动互联网等新领域也引发更大频率需求，频率供需矛盾日益突出。可供分配的合适频率资源已十分有限。随着工业互联网的兴起，各种用途、各式各样的无线电设备大量涌现，静态的频谱分配方式也是造成频谱短缺的主要原因，频率供需矛盾日益突出，无线频谱短缺是制约当前通信技术发展的瓶颈。

（四）工业互联网和信息通信业缺乏合作融合

工业互联网的需求还不明朗，和信息通信技术缺乏深度融合，工业互联网在不同发展阶段会提出不同的需求，如何将通信技术应用于工业互联网的需求，如何通过合理的跨界合作体系来充分发挥信息通信骨干企业的优势，是推动跨界融合发展需解决的主要问题。

三、措施建议

（一）优化短距离微功率设备频率规划

优化现有免许可频率使用。围绕工业用频特点，规范工厂内使用 ISM 等频段，研究制定短距离微功率设备发射功率和共享标准，推进相关系统干扰消除技术的研发创新，增强系统抗干扰能力，提升免授权频谱内不同系统的共存能力。同时可根据行业实际发展需求，对现有部分短距离微功率设备射频指标和使用方式进行统筹调整，例如 5725—5850MHz。科学规划短距离微功率等免授权频率。目前，我国总体规划的短距离微功率（SRD）频谱资源总体上少于美国和欧洲。对于 1GHz 以下频段，美国比欧洲和中国为 SRD 规划了更多频谱，美国规划给 WLAN、RFID 和 ZigBee 等典型 SRD 设备的频谱资源远远多于中国；对于 1—10GHz 频段，欧洲比美国和中国为 SRD 规划了更

多频谱资源，对于 WLAN 系统，美国规划的频谱最多，中国最少。相比美国和欧洲，我国规划的 SRD 频谱资源数量总体并不占优。因此考虑增加免授权频谱规划，为 SRD 规划新的免授权频率，满足发展需求，例如 1GHz 以下、5GHz 频段及高频段等。

进一步修订完善现有短距离微功率规范文件。2005 年，原信产部《关于发布〈微功率（短距离）无线电设备的技术要求〉的通知》（信部无〔2005〕423 号）中对短距离微功率设备及使用频段进行定义；2006 年发布《关于60GHz 频段微功率（短距离）无线电技术应用有关问题的通知》（信无函〔2006〕82 号），为短距离微功率无线电技术应用划分频率资源。新形势下，伴随无线技术发展，国际上短距离微功率呈现一系列新的特点，可以针对实际需求对相应的规范文件进行进一步规范修订，例如《关于发布〈微功率（短距离）无线电设备管理暂行规定〉的通知》（信部〔1998〕178 号）等文件，全面推动短距离微功率设备在新一代通信信息领域发挥作用。

（二）推动远距离传输技术研究及频率规划

支持 NB－IoT 技术相关频段试验和业务试点。根据我国通信发展实际需要，积极推进协调 821—824MHz /866—869MHz 等频段开展 NB－IoT 试验工作，加强 NB－IoT 网络在重点工业领域的应用。同时协调三大运营企业，在确保不产生无线电干扰的前提下，建议电信运营商充分利用现有 2G、3G、4G 频谱资源进行重耕使用，满足未来工业互联网工厂外频谱资源需求，如800MHz、900MHz、1.8/1.9/2.1GHz 和 2.6GHz 等。开展 5G 频段规划和试验。重点加大对 5G 频率规划的研究力度，建议首先以接近全球统一共识的3400—3600MHz 为核心，向上向下拓展，尽快形成连续大于 300MHz 可用 5G 频段，使我国在频谱准备上处于领先地位。其次是在高频部分，建议 24.25—27.5GHz 和 37—43.5GHz 或其中的部分频段作为我国 5G 高频候选频段，争取作为全球统一 5G 频段的候选频谱，特别是实现中国和欧洲的统一。

（三）考虑划分专用频率用于工业互联网无线应用

考虑到未来工业互联网应用场景下，工业网络规模将不断扩大、连接数将持续增加、数据吞吐率需求将继续提升。相应地，工业互联网中各类无线技术的频率需求也将随之增大。一些工业互联网应用场景下，对于无线通信的实时性、可靠性等要求非常高，为保障此类无线通信的用频安全，应该规划专用频率用于工业互联网的无线通信。经过上面的研究分析，未来我国工业互联网工厂内无线技术频率需求为 16—52MHz，其中专用频率需求为 5—16MHz 左右。为了进一步促进我国智能制造的发展，助力"中国制造 2025"，要重视对工业互联网的专用频率规划，考虑为工业互联网典型、关键应用划分专用频谱的可行性。目前，我国的 5150—5250MHz、5250—5350 MHz 频段已分配给 WLAN 使用，5725—5850MHz 频段已分配给扩频通信、无线局域网、宽带无线接入、车辆自动识别系统使用，因此不适合划分为工业互联网的专用频谱，建议可以考虑在 5850—5925 MHz 频段中为工业互联网划分专用频段。

（四）充分释放简政放权与频谱共享的创新红利

一方面，确立"行政 + 市场"的资源分配制度。对于涉及国家安全、公共利益等无线电频率的许可，继续采用行政审批的方式予以重点保障；对于地面公众移动通信使用频率等商用无线电频率，修订后的《无线电管理条例》规定可以采取招标、拍卖的方式实施许可，充分发挥市场在资源配置中的作用，实现频谱资源经济效益最大化。采取市场化配置方式与行政指配方式在审批的时间节点、审批的严厉程度等方面都存在一定区别。因此，无线电管理机构需抓紧研究市场化手段配置频谱资源面临的挑战及应对策略，结合拟拍卖的具体频谱资源以及市场需求情况，对涉及的一系列问题，包括参与频谱资源竞争申请者的资质和财务能力、可申请的频谱数量、业务开展的相关要求等问题予以明确，着力提升频谱资源利用的质量和效益。

另一方面，通过频谱精细化管理，可以在频域、时域、空域多个维度实现频谱共享，进而提升频谱利用率、缓解频谱供需矛盾。目前，我国在频谱共享方面有一些探索与尝试，比如在 2300—2400MHz、5150—5250MHz 两个频段采取静态共享，分室内室外。5250—5350MHz 只能在室内使用，同时又采用了动态频率选择和功率自动控制功能，采取动态共享的方式。此外，以 2.4GHz 为代表非授权频段的广泛应用更是体现了频谱共享的巨大潜力，这使得该频段成为全球利用率最高的频段之一。推动更多频谱资源的非授权动态共享或授权动态共享，将是进一步释放频谱资源利用潜力的有效举措。

第四章　无线电管理

本章主要从无线电管理角度梳理了 2016 年中国无线电领域发展概况。一是当前我国军民频谱共享尚处于探索和研究的初级阶段。军民频谱共享主要局限于部分基础设施和人员的共建共用上，二是无线电管理部门面对当前的新形势、新任务，需要通过采用"互联网＋政务服务"这种新的服务模式深化改革，自我创新，服务社会，满足新常态下经济发展变化的需要。三是随着各地进一步转变政府职能深入贯彻依法治国战略，无线电管理行政执法工作也必然要进行相应的改革以适应经济社会发展新形势和政府管理的新要求。

第一节　军民频谱共享

军民频谱共享的目标是建立健全军民融合的频谱共享管理体系，有效提升频谱综合利用效率，提升军地频谱综合管理水平，更好地服务经济发展和国防建设。军民频谱共享不仅涉及共享频段的选取，也涉及共享频段的管理机制、信息基础设施的共享共用、管理信息的共享共用等多方面因素。

一、推进我国军民频谱共享的重要意义

（一）军民频谱共享是缓解我国频谱短缺的有效途径之一

在既定的无线电技术发展水平条件下，人类可以开发利用的频率是有限的。当前世界各国无线电技术和应用利用的频率主要集中在 6GHz 以下的中低频段，特别是 3GHz 以下的大部分频率资源使用已经非常拥挤。新一代公众移动通信、工业互联网、车联网等新技术新产业的发展又必需一定的频率带宽资源。与此同时，由于国防需要，我国部分频谱资源是以行政审批的方式无

偿地分配给军队独占使用。在非演习时期和地区存在部分频段基本闲置或利用率很低的情况。这些频段中部分安全保密程度不高的频段可以用于共享,从而提高频谱利用率。同样,一些民用部门基本闲置或利用率很低的专用频段也可以通过频谱共享的方式直接提供军队使用。军民频谱共享一方面可以增加双方可用的频率资源,另一方面可以更有效利用时间、空间和频率三个维度,提高频谱利用率,从而部分缓解我国中低频段频率资源紧张的局面。

(二)军民频谱共享是推进频谱领域军民深度融合的重要方向

军民频谱共享是我国频谱管理领域推进军民深度融合的重要体现。习近平主席 2015 年 3 月在出席十二届全国人大三次会议解放军代表团全体会议时强调指出:"把军民融合发展上升为国家战略,是我们长期探索经济建设和国防建设协调发展规律的重大成果,是从国家安全和发展战略全局出发作出的重大决策。"这一论述,明确了军民融合深度发展的重要地位,是新时期党中央指导国家建设、国防建设的重要战略方针。

当前我国频谱管理主要实行军地分离的方式分别开展,频谱管理的运行模式主要是基于行政审批的静态的频谱规划和分配方式。由于频谱资源易受干扰和在开放空间自由传播的自然特性,军队和地方的频谱资源管理是相互影响、相互制约的关系,在当前优质低频频率需求远大于供给的情况下,军地之间经常需要大量的协调工作以保障重大活动、重大工程、军事演习等对频率的需求。建立军民频谱共享机制一方面有助于统筹频谱资源管理,推动频谱资源的共享共用,减少协调流程。另一方面可以推动频谱领域军民深度融合发展,建立更有力的统一领导的组织管理体系、工作运行体系和政策体系。

(三)军民频谱共享是提高信息化战争能力的重要保障

在信息化时代,大量雷达、卫星、无人机等各种无线电技术装备已经广泛应用于军事装备系统和战场作战指挥,电磁空间已经成为与地面、海洋、空中和空间并列的战略空间。随着军事装备的不断更新换代,传统的制海权、制空权乃至制天权的实现已经必须建立在制电磁权的基础之上,制电磁权成为信息化战争中制信息权的关键和核心。据报道,美军一个标准步兵师约配备 70 部雷达、2800 部电台,俄罗斯一个摩托化步兵师约有 60 部雷达、2040

部电台。在海湾战争及以后发生的几场高技术战争中，卫星特别是军事卫星在战场监控、预警、定位导航、通信等方面起到了不可替代的关键作用。可以说，信息化战争中谁掌握制电磁权谁就掌握着战场主动权。

军民频谱共享可以有效提高国防动员能力和后备力量建设，提升军队信息化作战能力。当今世界的主题仍是和平与发展，大国间爆发全面战争的可能较小。国家间军事竞争最重要和最经常化的表现形式就是威慑、试探和制电磁权或制信息权的争夺。例如，最近引起世界关注的韩国部署美军"萨德"反导弹系统事件就是战场制电磁权争夺的表现。萨德系统采用 X 波段相控阵雷达（X 波段指频率在 8—12 GHz 的无线电波波段，在电磁波谱中属于微波），信号带宽 1GHZ，平均功率 60—80 千瓦，对于 1 平方米反射面的有效探测距离高达 1700 千米。在韩国部署"萨德"反导弹系统将有效加强美军对于中国华北、东北、华东地区的导弹和航空器的监控，进而削弱中国的核反击能力。对于军队来说，频谱就是制电磁权争夺的"子弹"。军民频谱共享可以有效扩大军队可用频率供给，减少协调流程和时间，提升军队战时及执行演训任务的通信保障，从而提升军队信息化作战能力。

二、国内外军民频谱共享发展现状

（一）国外军民频谱共享发展现状

面对频谱短缺的问题，频谱共享技术在欧美已受到政府和业界的高度重视。目前欧美国家已经在频谱共享概念、技术架构、实施步骤和法律规范等方面引领了世界频谱共享模式的发展。

美国在采用频谱拍卖等市场化手段提升频谱利用效率的同时，一直致力于频谱共享等频谱利用新技术的研究与创新，以实现频谱管理的最优化。一是在频谱战略等顶层设计层面积极发力，引导频谱管理转型。美军最先将电磁频谱管理提升到战略地位，认为频谱优势直接影响制电磁权的获得，为此定期和不定期地出台了许多频谱战略规划及其评估报告。2010 年以来美军先后出台了"2010 年联合频谱构想""21 世纪频谱战略指导方针""国防部频谱战略规划"以及"频谱战"战略等多个顶层指导文件，计划采用频谱共享在内的多种手段布局频谱管理转型升级，积极抢占频谱优势。二是及时修订法律法规推进频谱共享技术的发展。美国是最早批准和使用频谱共享技术的国家。联邦通信委员会（FCC）2003年就公布了《使用认知无线电技术促进频谱利用的通知》，并于2005年10月正式批准了关于引入认知无线电技术、使用认知无线电设备的法规。三是政府积极推进军民共享频段的实践。美国在电视空白频谱频段实施免许可共享使用的同时，为配合美国频谱高速公路计划，推进军民频谱共享，FCC在3550—3700MHz频段开展了移动网络和国防系统的频率共享试验，采用三等级（主用户、优先授权用户、一般授权用户）接入方式共享联邦频谱，为此建立了商业化运营的管理动态数据库的频谱接入系统，用以协调和管理不同层次用户的频谱共享。

欧盟在政策和研究层面逐步推进空白频谱共享接入的同时，提出了在2.3GHz频段基于授权共享接入方式（LSA）的军民频谱共享方案。欧洲邮电管理委员会频谱管理工作组2011年就提出授权共享接入的概念，2012年9月正式成立授权频谱接入项目组和2.3GHz频段项目组，研究授权频谱接入的实施指南和2.3GHz频段共享的频谱规划和政策措施。欧洲电信标准化协会也开始同步研究授权频谱接入的技术规范，制定满足监管要求的统一标准，包括电磁兼容、共享机制、系统架构和设计规范等。欧洲的2.3GHz频段共享主要涉及移动网络和军用系统。由于2.3GHz频段内原有军用系统对该频段在地理和时间维度上利用率并不高，使得该频段经常出现频谱空闲的情况，在保护原军用系统优先接入的基础上运营商可以通过协调在可共享地区动态地使用该频段。

此外，为在未来信息化战争中获得频谱优势，欧美等国军队还纷纷成立专门电磁兼容机构，开发联合频谱管理系统，提高战时电磁频谱管理能力。

（二）我国军民频谱共享发展现状

当前我国军民频谱共享尚处于探索和研究的初级阶段。目前的军民频谱共享主要局限于部分基础设施和人员的共建共用上。

1. 军民频谱共享法律依据和政策空间

习近平主席多次强调做好军民融合发展。他指出，今后一个时期军民融合发展，总的是要加快形成全要素、多领域、高效益的军民融合深度发展格局，丰富融合形式，拓展融合范围，提升融合层次。2016年10月19日，习近平在参观第二届军民融合发展高技术成果展时进一步强调军民融合是国家战略，关乎国家安全和发展全局。要继续推动体制机制改革创新，从需求侧、供给侧同步发力，从组织管理、工作运行、政策制度方面系统推进，继续把军民融合发展这篇大文章做实，加快形成军民深度融合发展格局，切实打造军民融合的龙头工程、精品工程，为实现中国梦强军梦作出新的更大的贡献。习主席的这些指示为推进军民融合的频谱共享体系提供了政策空间。此外，中华人民共和国无线电管理条例第十条规定了军队与国家、地方无线电管理机构须建立协调机制，为构建军民融合的频谱共享管理体系提供了法律依据。

2. 推进军民共用的频谱基础设施建设

卫星导航产业是典型的无线产业之一，也是典型的军民共用的信息基础设施。卫星导航是泛在位置服务的基石，是一个国家重要的基础设施。近年来卫星导航与互联网、移动通信产业并列为发展最快的三大信息产业之一。我国的北斗卫星导航系统已成为国家新一代信息技术与智能产业的核心要素与共用基础。北斗卫星导航系统新闻发言人冉承其在国新办新闻发布会上明确表示，北斗卫星导航系统是军民共用的基础设施。目前北斗系统已广泛应用于战斗机、舰艇和制导武器等国防领域，同时在个人通信与导航、车辆控制与导航、物流管理、精密测量、气象预报、航空、航海、交通管理、医疗救护等大众消费和专业应用领域发挥着日益广泛的作用。

3. 推动军民频谱管理人才资源共享

组建预备役电磁频谱管理部队是国务院、中央军委把握世界军事发展潮流，立足我国无线电管理和预备役部队实际，促进军民融合式发展，增强综合国防实力的一项重要创新。它对于推动军民频谱管理人才资源共享、维护电磁空间安全，深化军事斗争准备、提高国防动员能力，全面提高我军应对多种安全威胁、完成多样化军事任务能力具有十分重要的意义。2010 年 1 月，全军预备役电磁频谱管理中心成立。这是我国第一支行业高科技预备役部队。中心平时承担着国家无线电频谱资源监控、重大活动与工程的无线电安全保障、国际频谱管理协调等重要任务，战时承担军事频谱管控任务。此后，福建、广东、江西、内蒙古等省、区、市逐步建立了预备役电磁频谱管理大队。

三、我国军民频谱共享面临的挑战

（一）缺乏有效支撑频谱共享的管理模式

5G、车联网等新兴技术产业的发展和"宽带中国""中国制造2025"等国家战略的实施，迫切需要大量频谱资源特别是6GHz以下的中低频频谱资源的支撑。当前我国频谱管理使用的还是静态的频谱分配管理模式，频谱主要划分为授权独占和免许可两种类型。中低频资源特别是3GHz以下的优质低频资源已经基本分配完毕，已经很难找到连续可用的频谱资源。免许可频段缺乏保护且已经过于拥挤。规划调整和清频是近年来的主要措施之一，但存在耗时长、耗资大和协调困难等问题，因此新兴的无线技术和产业面临无法获得发展必需的频谱资源的尴尬境地，已成为制约产业发展的瓶颈。频谱共享技术应运而生，是当前技术条件下缓解频谱短缺的最有效手段之一。从美欧共享的经验来看，军民频谱共享是频谱共享最重要和最有潜力的领域之一。实施频谱共享，意味着共享频谱将成为频谱分配的第三种类型。这必然对现行军民频谱管理的频谱预测、频谱效率评估、频谱规划与分配和频谱监管都提出新的挑战。目前，国内尚没有成功的频谱共享管理模式可以借鉴。

（二）缺乏顶层统筹统管机制

一是在国家宏观管理层面上，缺乏从全局出发，统筹经济、科技、文化、社会保障等各个领域军民融合建设的宏观决策机构。我国军民、军地频谱管理总体上仍然存在指导关系不顺畅、主体责任不清晰和制约机制不健全等问题。二是缺乏顶层设计。在军民频谱共享的可用频段、适用范围、技术设备、共享框架、协调机构、发展战略、发展思路和步骤等重大问题上缺乏统一部署和顶层设计。三是缺乏对军民频谱共享的综合执行推进机构。现有的军地联席会议制度主要是协商解决军地无线电管理工作重大问题的一种协调议事机制，主要解决战略性方向性等长期性的问题，军地常态化联合工作机制尚未建立，军地双方协调沟通的力度不够。军地间配合行动目前常常是依靠临时的部门间协调与沟通解决，有时协调甚至依靠长期形成的私人关系。可以说，缺乏正式的组织领导，缺乏常态化的沟通联系渠道，是制约军地频谱共享实施的瓶颈之一。

（三）军地频谱装备的标准规范不统一

长期以来，由于缺乏军民通用标准，出于安全考虑，我国军队和地方民用频谱相关技术装备的标准和技术规范并不统一，各地各单位使用的频谱装备的技术规范也是相当混乱。一方面，军队装备有国产化的要求，且保密要求度高，而地方频谱装备则大量引进国外先进的技术装备和软件，存在技术制式各异，硬件接口不统一，数据库结构、软件语言多种多样等问题。即使在国内装备技术逐渐赶超上来的今天，国内技术装备提供商之间的标准规范也很不统一，很多方面还缺乏统一标准和规范。另一方面，国内建设的频谱管理基础设施，由于很多标准规范近年刚刚出台且还不全面，也存在大量技术规范不统一的情况。全国无线电管理一体化平台、地方各省（市、自治区）无线电管理区域共享框架构建目前还处在建设或探索阶段。

（四）军地频谱管理资源的共享存在困难

长期以来，我国频谱管理领域实行军地分别管理。尽管国家出台了政策文件力促军民融合共享基础设施和技术设施，以减少基础设施重复建设，提高其利用率。但由于协调困难较大，监测设施、数据库等共享的整体进展缓慢，至今依然各自独立部署和使用，缺乏统筹规划，重复投资问题严重。首先，军地无线电管理系统使用的技术装备、软件系统由不同厂家开发，数据结构、接口标准、保密要求均不一致，地方上还有大量来自不同国家不同制式的进口技术装备，难以进行信息的互联互通。其次，地方的无线电管理设施数量庞大，种类已经比较完善，体系已经比较成熟，不便进行较大程度的改动。最后，出于自身信息安全考虑，军队只能对频谱管理信息进行有限开放，所以制定共享策略、共享架构具有较大难度。

四、建议措施

（一）创新频谱管理模式，有效支撑军地频谱共享

一是要修改频谱需求预测模型。应用频谱共享技术将使频谱使用场景、用户行为和技术模式有所不同，现行频谱预测模型的业务类型、场景、容量、速率等因素都将会更加多样化，频谱效率也将产生差异。二是改进频谱规划

的方式。相比传统规划，频谱共享规划要复杂得多，要从传统频谱切割转向时间、地区和频率的三维立体规划。相应频谱兼容分析的多样性和复杂性将进一步增加。三是频谱共享分配模式需要进行创新。与传统静态独占分配模式不同，频谱共享需要分配动态连续带宽并管理多级用户。未来无线电新技术新应用的频谱分配很可能采取部分独占频段与部分共享频段相结合的方式，满足频谱数量需求的同时，又考虑到信息安全保障的频谱需求。相应的频谱分配模式、牌照授权与管理模式都将发生变化。四是改进频谱监测与评估。频谱共享将引入多种多样的频谱技术，加大频谱监测难度，为此需建立新的频谱效率度量方法，加强监测能力建设。

（二）开展军地频谱共享可行性研究，做好顶层统筹规划

一是建立健全高效、有序的军地频谱共享协调工作机制，做好统筹规划。推动建立军地频谱共享联合推进组和高层协调对话机制，明确职责与任务分工，加强体制机制创新，逐步形成军民共享、共用频谱资源的常态化工作机制。二是及时开展军地频谱共享的可行性研究，提出可选共享频段和适用范围、潜在应用领域、技术需求、市场需求和干扰评估等建议。研究实施军地频谱共享所需的技术架构和管理架构，制定军地频谱共享战略规划和实施路线图，加强共享的全过程管理，提出军民频谱共享涉及的法律、监管、牌照等方面的建议。

（三）建立通用标准规范，推进军民深度融合

一是加强基础性研究。深入开展军民通用的频谱共享技术需求、系统架构和程序、共享设备测试流程、地理位置数据库交换、共享频谱协同使用的信令、信息交换协议等基础性标准规范的研究工作。二是根据军地双方频谱管理的现状、特点和需求，研究涉及频谱共享的监测、检测、评估、电磁兼容等技术设施建设、使用和维护等方面的标准规范。三是建立健全标准化工作机制，加强无线电技术设备和频谱管理的标准规范体系的顶层设计，加强对于频谱共享技术标准规范的全过程管理，紧密跟踪国际国内相关标准，深化与国际相关标准化组织的交流与合作。

（四）加强军民协作，实现频谱管理资源优势互补

一是加强军地无线电管理协作，统筹开展技术基础设施的建设。依托双

方现有基础设施建设无线电监测网络，推进无线电管理监测网络、调度体系互联建设。二是加强频谱管理信息和数据资源的共享共用。在台站、频率、监测数据、人员信息等基础数据库方面，军地双方按照协商的机制和程序协调共建共享对方的信息。三是推进基础共性技术研究的成果共享。国家侧重主动频谱感知、地理信息频谱数据库等前瞻性基础研究，军队侧重雷达侦测定位等关键共性技术研究，军地共享研究成果。四是加强军地频谱管理人员的协调和交流。进一步推动预备役电磁频谱管理力量发展，结合重大演训活动，形成上下衔接、高效顺畅的频管动员工作机制，强化遂行联合管控和多样化任务能力。

第二节　互联网 + 无线电管理

无线电管理部门作为国家行政管理的重要组成部门，其在行政管理领域的作用日趋重要。然而，随着移动互联网、物联网、车联网、智慧城市等新一代信息技术应用的推广和智能化产品的普及，人们对无线电频谱资源的需求大幅增长，导致电磁环境日趋复杂，无线电监管和协调难度不断增加，这对现有的无线电设备管理模式、监管手段和监测能力等都提出了新的要求。因此无线电管理部门面对新形势、新任务，需要通过采用"互联网 + 政务服务"这种新的服务模式深化改革，自我创新，服务社会，满足新常态下经济发展变化的需要。

一、借力"互联网 + 政务服务"提升无线电管理水平的意义

（一）有利于提高办事效率

"互联网 + 政务服务"的实质是政府依托云计算和大数据等先进技术，整合各部门数据，实现数据共享，简化办事流程，有效提高政府行政服务效率。在无线电管理领域，推广"互联网 + 政务服务"工作，一方面，可以使用户在申请频率和设置台站时，能够通过登录网上办事大厅，便可轻松地完成在线审批、网上办证、业务查询、数据上报等行政手续；另一方面，各级无线

电管理机构工作人员可以便捷地通过政务平台进行网络办公，及时上传相关材料，各方协同办公，摸清频率资源、管好台站、查处排除干扰，向用户提供高效的资源管理能力和服务能力，因此"互联网＋政务服务"的广泛开展有利于提高无线电管理工作的办事效率。

（二）有利于科学决策

"互联网＋政务服务"借助大量的数据和信息技术的支撑，可以不断改进政策制定过程和提高决策水平，有利于利用科学的决策手段实现对社会资源的有效配置。在无线电管理领域，近20年来，各级无线电管理机构沉淀了大量宝贵的无线电监测数据。采用"互联网＋政务服务"的无线电管理模式利用大数据模型、采用云计算技术，能够帮助无线电管理人员从结构化和非结构化的数字、文本、语音、视频、图片、地理位置等数据中挖掘、抽取有用信息，实现对信息的共享和整合，为科学决策提供客观依据。从而实现对无线电管理的更科学、更准确的判断，有利于无线电管理工作的科学决策。

（三）有利于服务创新

"互联网＋政务服务"借助互联网的开放性和互动性，打破了传统的政府与民众之间面对面交流的模式，拓宽了交流渠道。在无线电管理领域，一方面，各级管理机构可以通过网站交流平台、微信公众号、政务微博等多种方式，倾听用户心声，根据用户的建议提供定制化、个性化的服务；另一方面，用户可以通过网络建议、网络投诉与举报等方式反映诉求，表达观点和建议，真正参与到无线电管理工作中来。同时，随着移动智能终端广泛应用，无线电管理机构可以借助手机APP，微博、微信公共服务账号把无线电管理相关的政务信息快速直接地反映给用户，可以更加高效、便捷地为用户提供基础公共服务，实现无线电管理的服务创新，进一步提升政府形象。

（四）有利于全面深化行政体制改革

"互联网＋政务服务"利用互联网特有的开放、共享和去中介化的意向结构，打破政府服务趋于稳定、保守的形式，利用社会公众与政务服务的互动，实现政府随着社会大环境的变化而相应地调整改变和完善，促进政府的行政体制改革的全面深化。当前无线电管理部门可以通过"互联网＋政务服务"实现跨区域、跨部门、跨制式的互联互通、深度融合，同时运用云计算技术、大数据处理技术和智能传感网络等技术，实现无线电管理精细化、主动化、自动化、智能化和人性化，不断深化行政体制改革，创新行政管理方式，推动简政放权，加快政府职能转变，加强无线电管理部门的管理能力，改变基于行政审批的频谱资源管理模式，促使无线电管理部门向服务型政府转变。"互联网＋政务服务"在无线电管理领域是深化行政体制改革、转变政府职能的技术创新，将通过深化改革产生更多的新服务模式、新服务形态和新服务主体，满足全新的社会需求向社会提供更多更好的政务服务，引导、推动、促进社会的发展进步。

二、借力"互联网＋政务服务"提升无线电管理水平急需解决的问题

（一）信息孤岛现象严重

"互联网＋政务服务"实施过程中存在政务信息的发布和采集缺乏统一的原则、标准、指标、口径、程序等问题，导致互联互通难，业务协同难，资源共享难等现象普遍存在，造成政策误读、歪曲问题严重，直接制约着政府的公共服务和社会管理等能力的提升。在无线电管理领域同样存在大量信息缺乏共用共享能力，存在严重的信息孤岛现象。究其原因，一是数据来源混乱，缺乏统一标准。长期以来，各级无线电管理部门使用各种监测和检测设备，对无线电信号和用频设备进行了大量的监测和检测，积累了海量的原始数据，但由于在设备使用和定义数据输出格式方面缺乏统一标准，导致数据内容和数据格式多种多样，从数据产生源头就形成了应用壁垒，信息孤岛现象严重。二是政务信息管理系统建设缺乏统一领导。在各级无线电管理部门建立无线电政务信息管理信息系统初期，行业主管部门没有进行过系统完善的统一规划，致使导入数据库的数据模型和数据标准不统一。三是政务信息发布制度体系建设滞后，大量无线电管理政务信息在采集、回收、整理、发布、使用、反馈及完善等方面存在碎片化、消极化、差异化、形式化和极端化问题，导致公众对一部分政务信息的发布产生反感情绪。

（二）对"互联网＋政务服务"缺乏认识

片面地认为"互联网＋政务服务"是简单的利用互联网提供政府服务，

不能认识到其是技术、思维和资源三者的有机结合。在技术层面，当前绝大多数政务服务系统，在单点登录、个性化服务、智能处理等技术领域不能满足应用需要。在思维层面，无法摆脱政务服务以行政为主导的传统模式，缺乏建立并运用用户思维、技术思维、创新思维，以互联网的模式来思考和解决问题的方式和方法。在资源层面，没有认识到"互联网＋政务服务"是政府行政资源与社会资源的整合。在无线电管理领域主要体现在"互联网＋政务服务"的创新不足，由于缺人才、缺技术、创新不足，运营模式落后，不能有效调用多种社会资源等原因，导致无线电管理的宣传影响力有限，网站更新、上稿不及时，部分无线电管理部门至今还没有开通微博、微信平台，或已开通微博、微信平台的单位管理不认真，出现了部分的休眠、僵尸网站、微博、微信，导致提供政务服务的数量和质量都有待提高，特别利用互联网新技术实现服务创新方面还存在诸多短板，例如提供的服务不需要、需要的服务找不到的现象大量存在。

（三）硬件基础设施建设投入力度不够

随着"互联网＋政务服务"深入开展，将产生大量的创新性应用和海量的管理数据，这些变化导致硬件基础设施建设严重不足。在无线电管理领域"互联网＋政务服务"产生了大量的创新式应用，这些应用导致数量爆发式增长，这样就对以数据中心为基础的信息基础设施建设提出了更高的要求。目前，我国的无线电管理领域建设的数据中心仍以中小规模的传统数据中心为主，这些数据中心承载能力不足，在基础设施建设方面有待进一步完善。由于技术、资金和人才等原因，普遍存在着能效差、管理水平低、重复建设严重等问题，这些数据中心在数据传输、存储和处理能力等方面，都无法满足大数据技术在无线电管理领域的应用需要，仅仅能够实现对日常业务的处理要求。同时，由于数据中心维护技术复杂、运行成本高、运维困难、应用需求变化迅速等原因，大多数数据中心难以跟上信息技术革新步伐。

（四）数据安全隐患急剧增加

"互联网＋政务服务"的应用包括了海量的数据，大量的敏感信息，以及由此而带来的更加严重的网络安全隐患。无线电管理机构遍布全国，覆盖范围广阔，从国家到地方的无线电管理机构信息安全水平不一致，部分偏远地区安全防护体系尚未全面建立，信息安全问题突出。随着"互联网＋政务服务"的应用开展，导致信息安全管理问题更为复杂。应用于无线电管理领域的"互联网＋政务服务"平台在提供服务的同时，收集和汇聚了大量的敏感数据信息，这些信息对国家经济发展和国防建设至关重要，数据的集中存储导致了数据泄露而造成的损失进一步加大，因此对信息安全防护能力也提出了更高的要求。如何保证无线电管理数据信息的安全性、可靠性和完整性成了"互联网＋政务服务"应用发展过程中不可回避的问题。

三、建议措施

（一）加强"互联网＋政务服务"与行政体制改革的协同发展

为了增强对"互联网＋政务服务"重要性和建设目标的认识，各级领导要从思想上树立信息化和互联网思维，借助行政体制改革的强大推动力，为"互联网＋政务服务"创造体制条件，同时也要围绕全面推进行政管理体制改革的总要求，以"互联网＋政务服务"为依托采用云计算、大数据、移动互联网、物联网等新技术，创新信息采集、信息监控等技术手段，对海量的无线电监测数据和频率台站数据以及用户需求信息进行处理和分析，高效、智能地提取出有效数据，及时发现并解决问题，提高无线电管理行政服务效率，促进政府职能转变。

（二）加强"互联网＋政务服务"技术人员的培养

重视培养精通"互联网＋政务服务"的无线电管理人才。结合在无线电管理方面对"互联网＋政务服务"的应用发展需要，在行业内统筹规划，开展"互联网＋政务服务"人才的培养工作，对政务信息工作人员进行专门化、高水平、持续性的教育培训，完善人才培养和引进机制，引进一批应用开发高级人才，通过加强政务信息队伍建设提高政务信息工作效能。依托培训机构和科研院所有层次、有步骤地采用多种形式培养高素质、多层次的专业人才，同时重点加大对基层工作人员的计算机、手持终端等信息设备的配备和培训，为"互联网＋政务服务"在无线电管理领域的应用发展提供坚实的人才保障。逐步提升人才培养层次和水平。使无线电管理人员能够合理有效地在工作中利用"互联网＋政务服务"改善无线电管理中存在的问题，找出解决问题的方式和方法，实现无线电管理政务信息服务的专业性、唯一性和实时性，利用"互联网＋政务服务"提高无线电管理的能力和决策水平。

（三）加强"互联网＋政务服务"技术的推广和应用

为了适应新常态下，无线电管理工作健康发展需要，促进"互联网＋政务服务"技术的应用推广，急需制定长期的无线电管理"互联网＋政务服务"应用策略，积极开展前期的调查研究工作，全方位论证"互联网＋政务服务"技术在无线电管理应用方面的发展方向，制定中长期无线电管理"互联网＋政务服务"技术发展规划，结合无线电管理业务性质以及发展需求，从简单到复杂，逐步深入开展无线电管理"互联网＋政务服务"实践应用活动。提升门户网站的运维保障水平，全面系统地对各无线电管理部门所负责的具体业务权限、办理事项、办理流程、办事指南等与政务服务事项办理相关的信息进行梳理统计，建立基于部门的政务服务清单，依托业务系统建设，进一步提升政府数据的综合利用水平和服务能力，不断创新服务手段、提升服务意识，以互联网思维指导无线电管理政府网站建设，整合多平台多渠道资源，加强互动交流和舆论引导。利用多元化的互动渠道提升交流互动效果，开展基于O2O的服务场景融合，实现线上预约、办件状态查询，线下实体服务。增强多媒体的服务渠道融合，充分利用微博、微信、移动 APP 开展无线电管理"互联网＋政务服务"。为配合"互联网＋政务服务"技术在无线电管理领域的应用发展需要，需要在国家无线电管理机构内部整合各类数据资源，构建超大规模的数据存储集群，实现无线电管理业务工作的信息融合共享。并且根据需要，按照"急用先行、切实可行"的原则，继续完善"互联网＋政务服务"标准规范，为互联互通、信息功能共享、业务协同提供支撑。

（四）加强政务信息发布和采集的标准化体系建设

为了解决信息孤岛现象，实现数据的互通共享，需要从顶层确立政务信息的发布流程、具体实施办法、反馈机制。规范无线电管理政务信息采集和发布原则、标准、指标、口径、程序等。加快建立数据标准和统计标准体系，推进数据采集、数据开放、指标口径、分类目录、交换接口、访问接口、数据质量等关键共性标准的制定和实施。针对建设无线电管理"互联网＋政务服务"技术应用服务平台的需求，主要从数据产生源头制定频率数据、台站数据、设备数据、检测数据、监测数据、天馈线数据、电磁环境数据、地图信息数据等与无线电管理相关的数据采集、管理和共享等方面的标准规范，以及原始数据的范围和格式、数据管理的权限和程序、可共享数据的内容等。

（五）加强"互联网＋政务服务"研究和基础设施建设

一是建立相关研究计划，引导和推动相关机构对"互联网＋政务服务"技术在无线电管理工作中的应用进行深入研究。加强"互联网＋政务服务"技术应用创新，提高服务能力，结合无线电管理业务的当前和今后一段时间的需求，广泛开展"互联网＋政务服务"工作。解决无线电管理工作中可能出现的新问题，充分利用"互联网＋政务服务"实时、高效的特点逐步建立科学化的辅助决策系统，满足无线电管理工作适应新形势的发展需要。二是将"互联网＋政务服务"技术的基础设施建设提升到国家战略层面，有明确的实施规划，从国家战略层面通盘考虑"互联网＋政务服务"在无线电管理发展中的战略规划。各有关部门要明确用户和服务对象，按照职责分工，落实工作责任，加强协调配合，抓紧出台配套政策措施，推进"互联网＋政务服务"基础设施项目建设，共同推进"互联网＋政务服务"技术的推广应用。

（六）加强"互联网＋政务服务"安全保障体系建设

在大力发展信息化基础设施建设过程中，要以保障数据信息安全为主要目标，强化顶层设计，在国家安全战略、法规、政策和方针指导下，逐步制定信息安全规划、安全策略和解决方案，加强数据信息系统安全防护措施的建设工作，提升数据信息系统安全保障能力和防攻击能力。在无线电管理数据中心基础设施的建设方面，要结合"互联网＋政务服务"在无线电管理领域发展的特点，综合考虑业务需求和信息安全保障等因素，完善信息安全基础设施建设，注重用于与无线电管理"互联网＋政务服务"应用发展相适应的信息安全监管手段。建立"互联网＋政务服务"信息安全审查制度，加强重要无线电管理信息系统的安全防护和管理，建立安全测评和风险评估制度，提高系统安全漏洞分析评估能力建设。加强以"互联网＋政务服务"应用为主要内容的信息安全法治建设，加强监督和执法能力。

第三节　无线电管理执法工作改革

无线电管理作为政府的一项行政职能，随着各地进一步转变政府职能深入贯彻依法治国战略，无线电管理也必然要进行相应的改革以适应经济社会发展新形势和政府管理的新要求。基于此，无线电管理执法工作的体制机制方式等方面也需要深化改革，这直接关系到各地无线电管理领域依法行政和深化改革工作能否有效开展，关系到无线电通信业能否持续、健康、快速地发展，关系到我国整体经济社会发展能否有效维护和保障。

一、开展无线电管理执法工作改革的意义

（一）有利于维护空间无线电波秩序

维护空中电波秩序是我国现阶段无线电管理必须高度重视的一项重要任务。当前我国正处于经济高速发展阶段，经济利益和社会安全因素复杂，为获取非法利益，私设电台、走私无线电通信设备、销售假冒伪产品、"伪基站"、"黑广播"、考试无线电作弊等严重危害社会秩序。另一方面，当前普通民众对依法设台用频的认识度不够，没有形成如同对水、矿产、海洋等自然资源的共性认识。尽管无线电管理机构进行了大量宣传，但仍有部分单位和个人不了解无线电频谱知识，不熟悉无线电相关法律法规。只有加强执法严惩违法行为，才能维护好无线电波秩序，保障经济社会健康发展。

（二）有利于全面贯彻落实依法行政

无线电管理行政执法总体有了很大改善，但问题仍然存在：无线电管理法规建设明显滞后，惩罚力度不够。《行政法》中明确规定：行政主体是指享有国家行政权力，以自己的名义从事行政管理活动，并能独立地承担由此而产生的法律责任的组织。在我国，依法被授权或行政机关委托某项行政职权的企业、事业单位和社会团体与其他组织，同行政机关也是重要的行政主体。因此，有必要深化无线电管理行政执法体制机制改革，明晰权责配置，强化程序约束，为实现严格规范公正文明执法提供体制保证，为基本建成法治政

府奠定坚实基础。

（三）有利于加快转变政府工作职能

无线电管理执法工作改革是加强无线电管理事中事后监管的需要。《中共中央关于全面深化改革若干重大问题的决定》明确提出了要加快转变政府职能，进一步简政放权，深化行政审批制度改革，加强事中事后监管。新一届中央政府组建以来，不断深化行政体制改革，创新行政管理方式，推动简政放权，加快政府职能转变。这是推动上层建筑同经济基础相适应，推动经济社会持续健康发展的必然要求，也是发挥社会主义市场经济体制优势的内在要求，目的是增强政府公信力和执行力，建设法治政府和服务型政府，重点加强发展战略、规划、政策、标准等制定和实施，加强宏观调控能力，最大限度地减少政府部门对微观事务的直接管理。当前无线电管理部门的管理能力与建设服务型政府的要求还有较大差距。无线电管理主要还是通过事前审批的方式管理，因为执法力量薄弱，事中和事后监管不力，一些违法行为屡禁不止。传统的无线电管理方式需要改变，由注重事前审批向注重事中、事后监管转变，由管理型政府向服务型政府转变。

对于无线电管理领域来说，"发挥市场在资源配置中的决定性作用"同样需要进行无线电管理执法工作改革。《中共中央关于全面深化改革若干重大问题的决定》明确提出发挥市场在资源配置中的决定性作用，这要求推动频谱资源配置按照市场规则通过市场竞争实现效益最大化和效率最优化。市场经济的有效运行需要良好的市场环境，要求保障公平竞争，加强市场监管，维护市场秩序，弥补市场失灵。这些都对执法工作提出了更高的要求。如何适应党的十八届三中全会对政府管理工作提出的新任务、新要求，梳理无线电管理工作中与改革任务要求不相适应的做法，寻找无线电管理改革工作的切入点和突破口，是做好无线电管理执法工作面临的一个重要课题。

二、无线电管理执法工作中存在的问题

（一）法律法规体系不健全，行政执法工作受限

目前无线电管理依据的无线电管理的法律法规不完备、授权也不充分。一是无线电行政执法依据的法律规定有限。《无线电管理办法》和《中华人

民共和国无线电管理条例》都是部门和地方性法规和规范性文件，起不到法律的约束性作用。二是，法律法规授权不充分，致使一些违法违规问题得不到解决。违法成本太低，直接导致近几年私设通信电台猖獗，干扰现象严重，严重干扰了导航通信、抢险救灾、安全防卫等重要部门正常工作。

（二）行政执法缺乏联动机制，取证和执法较为困难

无线电管理行政执法难度大，需要多方面的协调配合。现阶段由于无线电管理工作的宣传力度有限，致使一些职能部门认为无线电台站单位违章、违法就是由无线电管理局自行处理。造成联合查处力量薄弱，配合不力，因此影响调查进行。在无线电行政执法中，如果缺乏公安等部门的联合行动，采取强制措施，根本无法进行取证。一旦当事人离开，执法工作难以继续开展，进而导致执法无法进行。

（三）行政执法队伍较弱，干扰查处力度不够

以北京市为例，目前虽然北京市无线电管理局参与行政执法的总人数有30—40人，但随着无线电业务的不断开展，参与大型活动和考试的无线电保障任务日益增多。仅2015年在打击"伪基站""黑电台"工作中对送检的131套"伪基站"设备进行检测，出具认定书133份、检测报告133份，并对156名涉案犯罪嫌疑人下达了责令改正通知书。在打击"黑电台"的"净空2015"专项行动，共开展打击行动15次，依法取缔34个非法广播设置地点，涉及39个非法广播频率。在考试保障方面，共保障各类考试20余次，动用监测网内的19个固定监测站，投入监测和保障人员400余人次、移动监测及执法车100余车次，监测时长160多小时。在电磁环境测试和设备检测方面，共完成了22个单位，25个通信网，34个测试点的电磁环境测试。在设备检测方面，共检测业余电台1508台，检测各类"伪基站"、违法电台54套，出具检测（功能验证）报告107份。面对这些异常繁重的行政执法任务，30—40人的执法队伍远远不够，如何充实行政执法队伍，查处无线电违法行为一直是一个亟待解决的问题。

三、建议措施

（一）完善法律法规体系建设，适应无线电管理发展需要

一是在国家层面要尽快提请全国人大常委会制定《中华人民共和国无线电管理法》。通过立法，在法律上明确依法使用无线电的行为规范和违法责任，确定法律依据。以立法的形式确定无线电管理的行政许可和行政处罚的要求、权力、范围等，以立法的方式规范无线电管理行政执法行为，做到依法行政。在地方层面层面尽快完善配套《无线电管理办法》。二是建立适应新形势发展的无线电管理执法体制。做到"执法主体确定，执法职责确定，授权、委托确定"，使无线电管理的行政执法落到实处。同时加强对各设台单位执法检查，加大对违法违章行业的查处。

（二）加强组织协调，形成行政执法联动长效机制

建立无线电行政执法联动长效机制，重点是要建立联席会议制度。无线电管理机构根据实际情况需要可与公安、安全、质监、工商等部门开展联合执法，定期召开会议，强化信息通报、线索核查、证据搜集、案件查处等。只有与各个相关部门建立长效合作机制，建立联动机制，执法时由多部门联合展开，才能在未来的无线电管理执法中重拳出击严查严打，确保频谱资源科学合理依法高效利用。尤其是要加强与公安部门的合作。依法查处、打击非法占用频率、擅自设台和使用无线电设备扰乱社会秩序和危害人民财产安全的活动和人员，尤其是针对无线电管理执法中经常出现的当事人不配合或阻挠执法、暴力抗法等现象，由公安部门对违法人员进行遏制，可以把暴力抗法、拒不配合执法的隐患消除在萌芽状态，这样既能保护行政执法者的人身安全，也有利于维护无线电管理的权威。

（三）多管齐下加强协调合作，提升市场监管能力

无线电管理机构应从两方面着手解决商户在销售无线电设备时不经行政许可，擅自为用户置频，干扰正常无线电通信的情况。一是加强与工商管理部门的合作，强化对销售市场的管理。通常对于一般的产品销售由工商行政管理机构对整个流通领域进行管理，尤其是针对近期以来广泛开展普及的网

络销售，根据工商部门出台的《流通领域商品质量监督管理办法》，将电视、电话、邮购、直销等方式，都纳入到流通领域商品质量的监管范围，实行线上线下一体化监管，但对无线电发射设备这一特殊商品的管理，应由工商行政管理和无线电管理共同实施，防止从源头上造成私设电台、走私无线电通信设备、销售假冒伪产品，进而扰乱空中电波秩序等行为发生。二是在《办法》中增加市场监管的行政执法权力。建议在《无线电管理条例》修订过程中赋予无线电管理部门市场监管权力，在《线电管理条例》修订发布后，对《无线电管理办法》做出相应改动，实现对市场的有效监管。

（四）加强组织领导，重视行政执法队伍建设

鉴于在现有情况下增加无线电管理局的人员编制可能性极小。因此建议根据需要合理安排在编人员工作岗位，适当将人员配置向行政执法方面倾斜；加强学习，提高行政执法人员工作效率。一是加强组织领导。在现有人员编制不变的情况下，采用机动灵活的方式合理安排工作任务和制定高效完备的行政执法工作流程。二是加强学习、培训和经验交流。提高行政执法人员的办事效率，加深执法人员对相关法律、法规更深层次的理解。通过不断的学习来提高执法人员的应变能力、调查能力、快速反应能力、快速查找能力、分析判断能力。三是加强部门协作。无线电管理机构应充分利用同其他部门间的协作，借助军民共建和其他相关部门的帮助增加行政执法力量。

区域篇

第五章　华北地区

　　本章主要对华北地区北京市、河北省、山西省及内蒙古自治区 2016 年无线电管理重点工作进行了总结。2016 年，在工业和信息化部的指导下，北京市、河北省、山西省及内蒙古自治区无线电管理机构围绕频谱管理核心职能，在做好各项日常管理工作的基础上，认真开展专项行动，顺利完成了全年各项工作任务。

第一节　北　京　市

一、认真开展两大专项打击行动，遏制非法无线电设台增加趋势

　　"黑广播"和"伪基站"是近来新兴的一种非法电台存在形式，侵犯公民隐私、扰乱经济秩序、干扰合法设台，危害公共安全，中央领导要求严厉打击。在打击"黑广播"方面，1 月份，配合公安、空军等部门，组织对干扰专机的"黑广播"设备进行了检测，随后又协调国家无线电监测中心检测中心，进一步开展检测工作。全国两会期间，联合其他部门在顺义区打掉 94.3MHz"黑广播"发射窝点，依法查扣涉案发射设备。4 月，接到经信委交办的人大代表建议，协调市文化执法总队、市新闻出版广电局会办，与人大代表见面沟通情况，起草回复意见。回复意见已按程序交人大代表，并获得了认可。5 月，接到工信部无线电管理局交办的 106.1MHz 受扰案件，定位干扰源位于河北省境内，将情况报告工信部无线电管理局，协调河北省无委开展排查。2016 年，共参加本市联合打击"黑广播"工作机制协调会 4 次，监测定位 11 个"黑广播"发射窝点，据此公安部门抓获 2 团伙共 4 人。同时按

照相关要求，认真配合公安部门做好打击"伪基站"工作，共对公安送检的226套"伪基站"设备进行了检测，出具检测（功能验证）报告202份。有力地打击了非法使用电台的气焰。

二、全力抓实三项基础任务，认真落实无线电管理职责

一是管好频率。认真加强无线电频率管理和协调工作。完成1.4GHz频段宽带数字集群专网综合规划方案、落实1.8G无线接入系统频率需求调研工作、推进200MHz频率管理工作、实地调研协调冬奥会海坨山气象雷达及首都新机场微波雷达。完成日常使用频率申请行政许可43份，使用频率延期申请行政许可34份。办理进口无线电设备核准12件，办理临时进口无线电设备核准34件，进口设备数量26787台。办理无线电设备型号核准初审共计176件。处理外国元首访华用频44批次。办理业余电台呼号行政许可4批次。完成频率协调9次。

二是管好无线电台站。进一步规范了频率占用费收缴工作。对台站数据库中收缴频率占用费进行重新计算和实际收缴费用进行核对，对查明注销和新增台站进行了更新；对逾期6个月（截至2016年12月31日）未缴费的，拟按照有关规定予以注销。全年完成99件设置无线电台的行政审批、办理台站年审451家、收缴频率占用费598余万元。为业余无线电爱好者核发A类操作技术能力资格证2039人，B类155人，共换发操作技术能力资格证书247人，发放执照3041个。组织了2016年"中国HAM'五五节'北京业余无线电交流汇"和"2016年业余无线电应急通信演练"活动。中央人民广播电台交通台现场报道，北京电视台卫视新闻做了专题报道。

三是管好空中无线电电波秩序。认真开展电磁环境测试和设备检测工作。共完成21个单位、53个通信网、56个测试点的电磁环境测试。完成23个单位、23个通信网的台站技术验收。完成了26家单位的设备验收，测试设备131台。共签署入关检测协议及方案共10份，涉及进口设备224343台。共检测业余电台3109台。应各级考试主管部门要求，完成了2016年全国职称外语考试、高等教育自学考试、成人本科学士学位英语考试、同等学力申请硕士学位考试、二级建造师考试、高考等16次考试的无线电安全保障工作。累

计安排周末节假日保障 30 多天，出动保障车辆 100 台次，累计监测 400 多小时。圆满完成 2016 年丝绸之路国际汽车拉力赛北京收车仪式、2016 年世界机器人大会等重大活动的无线电安全保障工作。

三、扎实做好四个保障，为中心任务完成打下坚实基础

一是认真落实京津冀一体化要求，在无线电管理各个方面做好协调和落实工作。不论是在重大活动保障，还是在日常工作落实中，均按照一体化的要求做好相关工作。围绕首都重大活动无线电安全保障，与津冀进行协调；在大兴第二机场建设中，与津冀做好频率协调；在预备役部队建设工作中，与津冀蒙进行相关协调；在无线电干扰查找和执法中，与周边省市进行密切协调；在 2022 年北京冬奥会筹备工作中，围绕延庆和崇礼赛场无线电安保事宜联合多次进行沟通并现地勘查，就基础设施建设、监测设施联网、指挥中心建设事宜进行沟通，达成一致意见。通过一体化协调，加强了工作沟通、增进了工作了解、提高了工作效率，为后续工作开展打下了良好基础。

二是做好技术设施建设。监测设施建设情况：完成 2015 年新建固定监测分站、信号截获分析处理系统等建设项目的建设及验收工作。完成了监测网及其辅助技术设施的运行维护项目。完成了新建 8 个固定监测分站的相关建设工作。完成技术审查 2015 年的三个项目建设和验收工作。完成了 2015 年的广播电视现场检测系统、数字微波（地球站）现场检测系统、"伪基站"检测系统建设项目的验收工作。技术设施建设项目顺利实施，工作效果明显。

三是做好电磁频谱评估和监测工作。完成了公众移动通信的电磁频谱评估工作，提高了资源使用效益。根据国家无线电办公室关于打击"黑广播"的要求，充分发挥无线电固定监测网的作用，及时、准确地做好对"黑广播"的发现、监测和定位工作。重点收集"黑广播"设备占用正常电台频率，扰乱无线电管理秩序、危及航空安全的证据。针对北京市通州地区、中关村地区和天通苑地区等"黑广播"重点高发区域，监测网保持实时的监测，区域性集中打击，成效显著。还完成了 SMOS 卫星干扰信号专项监测工作、完成全市多项重大考试保障监测工作，还根据上级要求完成了 200MHz 数传频段监测、丝绸之路国际汽车拉力赛用频监测、外国元首访华专项监测工作。共完

成 11 份监测频谱统计报告，累计监测时间 35660 小时。

四是做好无线电宣传工作。根据《2016 年全国无线电管理宣传工作指导意见》，在全国无线电管理系统中率先研究制定了《北京市无线电管理局 2016 年度宣传工作指导意见》，印发各区县无线电管理部门，并就区县年度宣传计划进行汇总，统筹部署。完成了北京市无线电管理局"抗日战争胜利 70 周年暨反法西斯战争胜利 70 周年纪念活动无线电安全保障工作"纪实宣传片的制作工作，并开展了一系列宣传活动，取得较好效果。

第二节 河 北 省

一、科学配置频谱资源

一是统筹保障重大项目建设用频。围绕北京新机场无线电用频需求，组织召开频率协调会，提出河北区域已设台站对北京新机场拟设雷达、微波台站的影响及用频建议。主动跟进石家庄城市轨道交通建设，加强与工信部无管局汇报沟通，促进石家庄城市轨道交通 800MHz 数字集群通信网投入使用。充分发挥曹妃甸水上资源共享平台作用，积极引导曹妃甸综合保税区港务有限公司、华能曹妃甸港口有限公司加入该平台，促进水上频率资源的充分集约利用。二是大力推广新技术应用。充分利用 1.8GHz 频段建设行业通信专网。在电力、港口、铁路、光伏发电等行业通信专网的基础上，2016 年进一步应用在石家庄城市轨道交通车地无线通信网工程中，针对现有轨道交通信号系统使用 2.4GHz 公共频段存在干扰，影响行车安全的问题，积极推进利用 1.8GHz 频段代替 2.4GHz 频段，从根本上解决信号干扰问题。充分利用 1.4GHz 频段建设政务专网。积极支持北讯电信股份有限公司在河北使用 1.4GHz 频段组建无线宽带数据网，专网建成后将进一步加强和完善河北城市信息基础建设，提升政府和城市应急通信处置能力，加快电子政务建设步伐，服务智慧城市建设。

二、认真组织开展频谱使用评估专项活动

严格根据工信部无线电管理局开展频谱使用评估专项活动的要求，全省共投入固定站 134 座、监测车 12 辆、行驶里程 11000 多公里，监测总时长近 14000 小时，采集数据 1.2TB，圆满完成公众移动通信频段的数据采集、存储与分析工作，并按时上报《河北省省公众移动通信频谱使用评估报告》和全省卫星地球站统计汇总表。此次专项活动的开展掌握了河北省公众通信频谱资源的真实使用情况，进一步规范了公众移动通信蜂窝基站入库数据，为加强事中、事后监管打下了坚实基础。根据反馈，河北省频谱使用评估专项活动的测评结果在全国名列前茅。

三、扎实进行台站监管

一是积极开展设台调研。对神华黄骅港务公司、沧州港务集团有限公司和沧州海事局等进行现场调研，提供技术指导，确保了设台的科学性。二是对重点台站进行现场监管。深入石家庄栾城通用机场通信导航台、石家庄机场移动二次雷达站、进近甚高频通信台、唐山气象局探空雷达站、津秦铁路客运专线部分 GSM－R 台站、廊坊市气象观测站进行现场台站监管，保障频谱资源的合理有效利用。三是切实做好行政许可审批工作。严格审核申请资料，依法按时完成全年行政许可审批工作。全系统共完成行政审批许可事项 246 件，有效推进了依法行政。四是完善业余无线电台站管理。组织完成 A 类业余无线电操作技术能力验证考试 17 场次，共核发 A 类操作证书 369 张。组织 B 类业余无线电操作技术能力验证考试 1 场，核发 B 类操作证书资料 33 张。完成业余无线电台操作证集中换发 1 次，换发 A、B、C 类业余无线电台操作证书 344 张。加强与无线电爱好者协会联系，保定局积极引导协会参与业余电台管理，增强了业余台站管理效率。

四、有效维护电波秩序

一是打击整治非法设台取得丰硕成果。根据国务院打击治理电信网络新型违法犯罪工作部际联席会议办公室的统一部署，严格按照工信部无管局和

河北省厅际联席会议的要求，全局充分发挥技术优势，精准定位非法设台，全省年内开展 3 次"黑广播"集中收网行动和 2 次打击"伪基站"专项行动，共查处"黑广播"案件 203 起，缴获设备 204 套，"伪基站"案件 55 起，缴获设备 55 套，有效打击了"黑广播"和"伪基站"违法犯罪行为，受到了省打击治理电信网络新型违法犯罪工作厅际联席会议高度认可和表扬。其中，唐山局、廊坊局分别查处的"黑广播""伪基站"案件涉案嫌疑人首次被依法判刑。由于工作成效突出，中央电视台《朝闻天下》栏目报道了石家庄局和秦皇岛局查处"黑广播"的有关新闻，在全国形成了警示效应。除"黑广播""伪基站"外，全省共查处其他各类无线电违法案件 116 起，其中卫星电视信号干扰器 17 起，违规公网基站 48 起，其他 51 起，有效维护了空中电波秩序。二是注重从源头打击非法无线电台站的生产和销售。会同省工商行政管理局、省质量技术监督局开展了打击生产和销售未经型号核准的无线电发射设备专项整治活动。活动期间，共检查商户 2200 余户，生产企业 6 家，查获未经型号核准的无线电发射设备 1300 余部。有效净化了无线电发射设备生产和销售市场。三是保障重大活动和重要赛事的无线电用频安全。完成了为期 171 天的唐山世界园艺博览会无线电安全保障和习近平主席唐山视察、G20 峰会期间河北省域、首届河北省省旅游业发展大会、丝绸之路国际汽车拉力赛河北省段、衡水湖国际马拉松赛的无线电安全保障工作。在重大活动无线电安全保障任务期间，唐山局快速处置 1 起空中管制区域无人机擅闯事件，采取技术手段进行定点迫降。此事件是国内重大活动无线电安保中第一次成功实施的无人机管制案例，为今后无人机管制和重大活动无线电安保积累了宝贵经验。在冬奥会无线电安保筹办工作中，省局和张家口局多次对冬奥会比赛场地进行了实地勘察与调研，编报了冬奥会无线电安全保障投资概算，建设核心赛区监测网等 4 个项目。11 月 3 日至 5 日，工信部无线电管理局副局长宋起柱率团到张家口市，就 2022 年北京冬奥会无线电安全保障筹办工作进行考察调研。宋起柱副局长强调，各级无线电管理部门要精心谋划、扎实细致地做好前期规划编制工作，同时做好与各部门的对接和沟通、形成合力，切实推进冬奥会无线电安全保障筹办工作。四是认真做好考试保障工作。全年共组织实施各类考试保障 137 日次，投入保障人员 1300 余人次，出动保障车辆 290 余车次，动用保障设备 290 余台套，完成了普通高考、公务员考试、司法考试等 71 次重大考试的无线电安保任务，共查处作弊案件 4 起，有效防范和打击了利用无线电设备进行考试作弊行为，保证了考试的公开、公平和公正。五是快速高效开展干扰查处。共受理无线电干扰申诉 102 起，查处 102 起。为解决法国卫星受干扰的问题，组织全省开展 1400—1427MHz 违规发射设备的查处工作，唐山局查获移频直放站 2 部，张家口局查获无线监控报警设备 1 部。沧州局运用多种技术手段解决了公安"电子围栏"对群众正常通信和打击电信网络新型违法犯罪造成的严重干扰。G20 峰会召开前夕，省局和廊坊局联合行动，于 8 月 19 日成功解决民航华北空管局无线电干扰，确保了峰会期间首都机场地空专用频率使用安全，受到了工信部无管局和华北空管局的表扬和认可。

五、不断提升技术支撑能力

一是加大技术设施建设力度。以监测智能化为导向，推进"首都'空中护城河'立体化无线电监测管控系统""基于大数据技术的监测数据库智能分析系统"等 5 个项目的建设工作，进一步提升河北省监测技术能力水平，为实现频谱管理精细化打下基础。二是认真谋划 2017 年技术设施建设项目。根据国家有关要求，充分立足河北省技术设施建设实际，谋划了 6 个项目，重点保障民航、水上等重点领域的用频安全，提升重要保障及执法任务的快速行动能力。三是建章立制确保技术设施安全运行。建立了"固定监测站工作状态检查""监测设备故障分类管理""监测设备故障维修月报管理"3 项制度，进一步推动了设施运行维护的制度化建设。四是进一步加强日常监测数据的挖掘和利用。全年累计监测总时长 428599 小时，继续加强监测月报数据分析和应用工作，不断优化监测流程，严格落实月报分析会制度，提高监测数据的利用率。

六、深入开展信息宣传

一是强化政务信息报送。及时向省领导报送重要信息，省委省政府共采用信息 13 条，得分 65 分。各派出局被当地党委政府采用信息 140 条，同比上年均有很大进步。"中国无线电"网站采用 162 条，国家《无线电管理工作通讯》采用 103 条，充分向领导和行业同人展示了河北省无线电管理事业的发展成果。二是加强网站信息内容建设。省局网站编发信息 806 条，转载信息 120 条，定期检查全系统网站更新情况，大力推进网站改版工作，网站宣传主阵地的作用进一步加强。三是做好"世界无线电日""国家宪法日"、无线电管理宣传月等专题宣传工作。利用各类媒体，开展了形式多样、内容丰富的宣传活动，进一步提升了无线电管理的社会认知度。四是全力推进《中华人民共和国无线电管理条例（修订）》宣贯。《条例（修订）》宣贯会后，全系统各单位通过召开宣贯会，举办讲座，开展自学和考试等形式深入学习贯彻《条例（修订）》。12 月 21 日，工信部无线电管理局监督检查处祁锋处长前来就新《条例》进行解读，为新《条例》与河北省无线电管理工作的具体结合给予了充分指导。五是充分运用新媒体进行工作交流。全系统全员加入"河北省无线电管理工作交流微信群"进行工作交流，大幅提升了工作动态和经验的传播效率，推动了重点任务部署，激发了干部职工的工作热情。

七、继续规范内部管理

一是不断完善"三个抓手"作用。历经 7 年的发展，"量化考核""岗位练兵"和"系统例会"在增强班子凝聚力、提升队伍战斗力方面发挥了重要作用，2016 年继续完善"三个抓手"，不断促进量化考核由"量"向"质"转变，不断提升岗位练兵实践性科目的考察比重，不断优化系统例会流程，使其成为展示借鉴各派出局优秀工作经验，部署交流重点工作的重要平台。二是加强财务规范化管理。圆满完成 2015 年度财务决算和全系统 14 个单位 2015 年度财务内部审计。严格预算编报与执行。截至 12 月 31 日，支出预算比例 86.23%。做好无线电频率占用费收缴工作，全省收缴无线电频率占用费完成全年收费计划比例的 107.88%。修订并印发了《河北省省无线电管理局财务管理办法》《河北省省无线电管理局差旅费管理办法》，促进财务管理进一步制度化、规范化。三是全力助推档案升级。河北省无线电管理局被确定为"全省档案利用网络平台建设工作"省直四个试点单位之一后，制定印发了《河北省无线电管理系统档案管理办法》，共投入资金 40 余万元，完成全系统新版档案管理软件安装、建立了全省档案管理内网数据库，纸质档案数字化近 10 万份，为档案工作目标管理晋升 5A 级打下了坚实的基础。年内承德、衡水局已通过档案工作 5A 级标准认定。四是积极稳妥推进机构改革。积极与省编办协调沟通，保留了各派出局人员编制及内设机构，省局机关减少 1 个内设处室，人员编制核减 4 名。五是完成全系统干部档案核查工作。共审核干部档案 227 卷，核查出共 5 类 260 条问题，补充完善档案材料 200 件，审定全部存疑问题，圆满完成全系统档案核查工作。六是不断加强人才培训力度。派员参加了 16 期 37 人次上级部门组织的各类培训，在河北省经贸大学举办了"2016 年度干部选学暨综合素质提升"专题培训班，邀请工信部无线电管理局副局长宋起柱、国家无线电监测中心副主任李景春等来河北省无线电管理局开展专题讲座共 9 场，全年干部培训总人数达 300 余人次，大幅提升了干部职工了理论和专业素养。七是确保全年安全生产零事故。严格按照《2016 年安全生产目标管理责任书》要求，组织全系统人员签订《河北省无线电管理局个人安全生产承诺书》，将安全生产目标责任层层分解，逐级落实，确保全年安全生产零事故。

八、着力加强队伍建设

一是稳步推进"两学一做"学习教育。严格按照推进方案要求，以学习实效为中心，通过组织专题学习讨论、"两学一做"知识竞赛、观看李保国先进事迹报告会、党员佩戴党徽上岗、开设网站学习教育专栏、开设专题网络培训班等形式，扎实开展"两学一做"学习教育。在全系统形成了理论学习促进实际工作，争做"讲政治、有信念，讲规矩、有纪律，讲道德、有品行，讲奉献、有作为"合格党员的良好局面。二是着力加强党风廉政建设。认真落实廉政建设责任制。组织全系统层层签订《党风廉政建设责任书》。系统内各单位严格制定党风廉政建设工作要点并对领导干部党风廉政建设责任进行分解，明确各自任务和分工。加大廉政培训力度，邀请省直纪工委副书记董晓萌同志对《纪律处分条例》《廉洁自律准则》进行讲解，在党员干部心中树立红线意识。三是大力开展省级机关作风整顿。省级机关作风整顿动员大会后，河北省无线电管理局第一时间召开机关作风整顿动员大会，成立机关作风整顿动员领导小组，出台推进方案。严格完成"一问责八清理"各项清查整改任务，充分运用"三个抓手"，认真查找机关内部"不能为""不想为""不敢为"等核心问题，强化整改落实，形成了风清气正的干事创业环境。四是扎实进行巡视问题整改工作。《省委第七巡视组关于对中共河北省工业和信息化厅党组巡视情况的反馈意见》和省工信厅《关于落实巡视反馈的整改方案》下发后，河北省无线电管理局把巡视问题整改当成一项重要政治任务来完成，坚持问题导向，强化巡视效果，运用巡视成果，全面加强无线电管理各项工作。五是务实开展精准脱贫。驻村工作组充分结合扶贫村实际，经调查研究确定光伏发电和蔬菜大棚2个脱贫帮扶项目。目前光伏发电项目已并网发电，年预计收益13万余元。蔬菜大棚项目已修复完毕，开展种植。帮扶村已在全乡率先实现脱贫目标。

第三节　山　西　省

一、频率配置和台站管理科学规范

成立了以局长为组长的公众移动通信频段频谱评估专项活动领导小组，制定了切实可行的专项活动实施方案；并结合工作实际，制定了专项活动工作方案，将各阶段的工作任务进行分解量化，明确职责，提高了工作效率；召开培训会，对专项活动进行了安排部署，对设备、软件进行了培训。全省共测试122天，出动人员296人次，行程15110公里，采集测试数据3.473TB。完成了频谱使用评估报告的编写和上报工作。认真完成卫星地球站实地核查和数据上报，按地球站所属单位、辖区进行统筹安排，按时完成了卫星地球站的实地核查、信息上报工作。积极适应政府职能转变要求，不断加强事前审批与事中事后监管，召开了全省频管工作会议，为13个无线电规范化管理示范单位和13名无线电规范化管理先进个人颁发了铜匾和证书；示范单位进行了经验交流。突出加强重点用户保障，到设台单位进行调研，组织召开了频率使用研讨会，主动了解掌握山西电力通信公司、太原轨道交通、太原机场、山西科达自控公司等重点单位的用频需求，科学制订频率分配计划，确保有限频率的高效使用。主动服务，为省气象局 32 个小雷达办理设台手续。整理 2013—2015 年度国家、省有关频率台站管理政策性文件，并汇编成册。进一步加大频率占用费收缴力度，截至 11 月底，已完成 96% 的收缴任务。

2016 年，全省共受理频率设台申请 18 家，变更台址 3 家，审批各类台站678 台。

二、基础和技术设施建设进展迅速

为改进市级监测技术机房条件，申请基建项目资金 5194 万元，用于临汾、晋中、晋城、忻州 4 市无线电监测技术机房建设。5 月份即起草印发了《关于做好无线电监测技术机房购置相关事项的通知》，并在阳泉市无线电管理局召开了基础设施建设现场会，对监测技术机房购置工作进行了安排部署，指导相关市管理局展开了项目考察和申请政府采购流程的相关工作。截至目前，大同市监测技术大楼主体已封顶，阳泉市的技术监测机房完成购置装修，临汾、晋中、晋城、忻州 4 市完成政府集中采购。

全面推进技术设施建设，制定出台了《技术设施建设项目管理办法》《项目建设资金使用管理办法》和《技术设施建设绩效管理办法》，对基础和技术设施建设项目的组织领导、规划设计、方案申报、建设实施、经费使用、绩效评价等进行全过程跟踪监督监控。高标准完成 2015 年移动监测系统、数字无线电发射设备检测系统、省无线电监测站 A 级站遥控站搬迁、无线电监测A 级站移动监测系统升级改造、省无线电管理应急指挥中心升级改造、无线电频率使用情况核查设备、便携式压制设备及配套天线建设项目的工程验收，按计划完成 2016 年无线电监测网铁塔、无线电监测 A 级站监测设备、无线电监测 B 级站设备及压制设备、移动监测系统等维保项目采购招标，部分完成了无线电监测 A 级站遥控站搬迁机房购置，完成大同、晋城、阳泉市智能化监测网、全省应急管控系统（应急指挥车）建设项目采购招标。

三、法制建设和执法监督成效明显

继《山西省无线电管理条例（草案）》2015 年 8 月省政府第 95 次常务会

议审议通过后，2015 年 9 月获得省人大一审通过。鉴于《中华人民共和国无线电管理条例（修订草案）》刚刚颁布实施，《山西省无线电管理条例（草案）》已延期至 2017 年 3 月提交省人大常委会审议。在依法行政方面，开展了《山西省行政执法条例》和《山西省行政执法证件管理办法》行政执法自查，完成全省 85 名人员执法证件年度审核注册，积极推进行政许可和行政处罚信息"双公示"和"双随机一公开"，完成了"一单两库一细则"的制定和上报工作。在打击整治电信网络新型犯罪活动中，积极配合公安部门开展对"黑广播""伪基站"的打击治理工作，制订了《关于配合公安等部门开展打击治理"黑广播"违法犯罪专项行动工作方案》，明确了工作分工，确定阶段性目标，畅通了联络协作渠道，选调专人入驻省公安厅反欺诈中心，协同全省统一行动，分别于 4、7 月份组织开展了 2 次"空中打黑"集中行动。在非法设台治理上，对太原地区 12 个违法设置使用无线电对讲中继台进行了调查处理。编纂了《打击整治"黑广播"案例汇编》《防范和打击利用无线电设备进行考试作弊案例汇编》。

截至 11 月底，全省无线电管理机构协助公安机关共查获"伪基站"案件 35 起，缴获设备 37 套；查获"黑广播"案件 39 起，缴获设备 31 套，其中有 1 起为干扰民航案件；为公安机关出具伪基站鉴定报告 26 套，有效遏制了"伪基站""黑广播"高发态势，取得了阶段性成果。全年全省共参加高考、公务员录用、资格类考试等无线电安全保障 18 次，出动人员 2738 人次，监测作弊信号 127 个，直接查处 68 起，实施技术阻断 50 起，查获涉案设备 70 套，查获并移交组织作弊嫌疑人 13 名。

四、监测检测和电磁环境测试有序开展

认真开展了日常无线电监测、数据统计和监测月报编写工作，省站累计监测并存储数据 3168 小时，汇总、上报监测统计报告 11 份，进一步完善了监测数据库，按时限完成了国家下达的空军演习、卫星上行频段监测等各项临时监测任务。积极开展春节、两会等重要时期通信安全电磁环境测试，先后出动人员 168 人（次），车辆 40 台（次），行程 2000 余公里，组织对 150MHz、400MHz 对讲频段中继台、88—108MHz 重点频段、200MHz 数传非

法信号进行测试，监测时长 677 小时，采集数据 0.308TB，切实掌握了重点频段的占用情况。多次登高山、闯险境、踏积雪，克服极端天气和恶劣自然环境，以高度的责任心和使命感，对广电、航空、气象等行业系统的台站电磁环境进行了专项测试，受到相关部门的高度评价。

五、人才队伍建设取得新进展

近年来，省局将人才队伍建设摆在首位，主动作为、破解难题、积极协调、稳步推进。2015 年，积极配合完成了省市无线电管理局机关实施公务员法管理，2016 年全力推进全省无线电管理系统事业单位岗位设置工作，设置方案顺利通过省人社厅的核准，14 名同志通过中级专业技术任职资格评审，77 名在职人员全部通过聘用走上新的工作岗位，多年来遗留的工资理顺问题也正按计划稳步推进。组织了在职人员人事档案电子化整编和"三龄两历"信息认定，在省经信委、人社厅、编办等人力资源管理部门的人员实名制管理信息台账实现了一致，所有在职人员人事档案全部实现电子化管理。积极推进人员调整补充，年内全省有 3 名遴选公务员、12 名考试录用公务员进入工作岗位，机关在职人员平均年龄大幅下降，人员结构得到实质性改变，缺编率由 52.6% 下降为 32.9%，骨干队伍逐渐壮大。

多渠道提升能力素质，全体公务员和事业单位处以上干部积极参加干部在线学习，全部达到了 80 个学时以上；全省 12 名同志参加部无管局和监测中心的学习培训共 15 次；全省有 16 名同志参加了省委组织部和省经信委联合举办的"促进经济结构调整"培训班，有 11 名同志参加了省经信委组织的"经济转型升级"研修班，15 名执法人员分批参加了省政府法制办"强化法治思维，提高执法能力"法律知识更新培训。各省各级紧密结合工作实际，不断创新培训方式，专业技术培训形式多样。全年组织了 2 期无线电监测测向培训、1 期应急通信业务培训，并邀请部队官兵参加了集训，进一步拓展了军民融合发展的范围；"走出去"培训取得实质性效果，省测向队 11 名队员赴新疆昌吉开展了技术交流和联合训练，进行了多种场景、多种形式的测向训练，对重点不明信号进行了查找定位，初步建立起良性互动、共同提高的良好局面，进一步提高了专业技术水平，为援疆工作开了一个好头。第四季度，选派部分骨干同昌吉州无线电管理局技术人员共同到国家无线电监测中心成都站进行了监测技术培训，开阔了视野，拓展了思路，提高了能力。认真组织了应急业务培训，进一步锻炼和提升了全省应急队伍应急处置能力。

六、文化建设与宣传工作丰富多彩

紧紧围绕全省无线电管理工作大局，积极、主动、扎实地开展文化建设和宣传工作，收到了良好效果。截至 10 月底，共收到宣传报道稿件 722 篇，及时审核修改发布 671 篇，中国无线电管理网站发稿 103 篇，《无线电管理工作通讯》发稿 63 篇，在全国名列前茅。宣教中心采访撰写的《为了百姓的安宁——山西省无线电管理机构严打"黑广播"纪实》《电波卫士奇袭"斩首"黑广播的覆灭之路》《山西：连续奋战查处多起"黑广播"》等多篇文章分别在《人民邮电报》《中国电子报》《山西晚报》《山西法制报》等报刊发表。在九月份《无线电管理条例》宣传月，以"依法管理频谱资源、依法维护电波秩序，严厉打击伪基站电信诈骗、打击黑广播非法设台"为主题，组织了形式多样的专项宣传活动，山西人民广播电台、山西电视台等 10 余家媒体进行了采访报道，收到良好社会效果。

深入开展科普进校园活动，省局举办了科普基地辅导员讲课比赛，17 名选手参加了比赛，总结了做法，交流了经验，促进了工作；全省 12 所学校、青少年活动中心 99 名运动员参加了 2016 年全国青少年无线电测向锦标赛，获得较好成绩。

七、业余无线电工作取得显著成效

省无线电协会认真履行职责，积极组织业余无线电活动，在沟通业务信息，增进行业交流中发挥了重要作用。积极组织开展《业余无线电台操作证书》培训考试，全年共举办培训考试 10 期，A、B 类操作证考试合格共 1200余人，协助办理、换发无线电台执照 1100 个。认真组织了各类无线电赛事活动，成功承办了 2016 年"华日通讯杯"全国无线电测向锦标赛、全国青少年无线电测向锦标赛、全国青少年无线电教育竞赛活动阳光测向，来自全国的226 支代表队 1500 余名裁判员、教练员、运动员参加了赛事，大赛的成功举办，得到右玉县委县政府的大力支持，受到国家体育总局航管中心、中国无线电运动协会、中国无线电协会的充分肯定。组织承办了全国无线电测向国家组裁判员培训，12个省市的63名学员参加了培训，培养出一批无线电测向锦标赛裁判员。积极组织和推广业余无线电爱好者通联活动，组建了第三支DX远征队，第三次完成了木兰围场业余无线电竞赛活动，连续三年获得这个项目第一名的好成绩。

八、专项任务和日常工作扎实推进

根据省财政厅关于国有资产清查工作要求，制定了全省国有资产清查工作方案，组织了全省国有资产清查培训班，聘请审计事务所对国有资产清查进行了登记审计，摸清了家底，建立健全了固定资产台账，制定了资产管理制度，确保各类资产处于良好的工作状态。完成了全省无线电管理系统2015年部门决算和2016年中央转移支付资金、缴纳省财政频率占用费的申请下拨，以及退休费、公积金、医保等信息编报，为无线电管理业务的正常开展提供了有力保障。

第四节　内蒙古自治区

一、高质量完成公众移动通信频谱使用评估工作

按照工信部无线电管理局《关于公众移动通信频谱使用评估工作》的具体要求，自治区无委办调动60余名工作人员，启动21套固定监测站、14辆移动监测车和14套基站测试系统，对辖区内73个空间电台和25个公众移动通信频段进行测试。其中固定监测站累计工作1397小时，对呼和浩特市及各盟市政府所在地30—3000MHz进行扫描；移动监测车累计工作288小时，对辖区6999公里路段30—3000MHz频段进行测试。

通过对时域和频域监测数据的分析，掌握了自治区公众移动通信频率的使用情况、摸清了区内公众移动通信的台站情况、违规用频情况和邻国基站

信号越境情况。为今后边境电测、国际频率协调、进一步开展频谱评估和完善频率台（站）管理奠定了基础。

二、顺利完成重大活动保障

1. 完成丝绸之路国际汽车拉力赛相关保障工作

2016丝绸之路拉力赛是经国际汽车联合会注册的重要国际体育赛事，得到中国、俄罗斯和哈萨克斯坦三国最高级别的支持，不仅有利于促进中、哈、俄三国睦邻友好关系，而且也为国际超级车队搭建了同场竞技的激情舞台，受到了越野拉力赛圈内外的瞩目。7月8日拉力赛车队从俄罗斯红场出发，穿越俄罗斯、哈萨克斯坦，于7月16日进入我国新疆霍尔果斯口岸。7月21日，车队进入自治区阿拉善盟阿右旗，7月24日车队从自治区乌兰察布市兴和县驶离自治区，在自治区赛车行驶里程为1325公里，特殊赛段里程为1053公里。

为做好拉力赛期间无线电安全保障和视频会议保障工作，自治区无委办利用固定站、移动监测车和便携式设备，对区域内的行进路线、营地及周边区域电磁环境进行测试，重点掌握赛事直接用频的占用情况，预指配频率的空闲情况。在行进路段及营地，利用移动监测车和便携式设备，对卫星通信、指挥调度等频率进行保护性监测。

此次保障累计投入监测（检测）人员36人，投入固定站7个，监测车9辆、便携设备14套，启用固定站对覆盖范围的重点使用频段进行监测，监测时间1424小时，存储频谱图700余幅，对2个非法电台进行了取缔，对4个可能影响赛事的合法电台进行了协调，保障赛事安全。并对30个单频频点、30对双频频点、10个800MHz集群频点等备用频率进行了前期测试，保证备用频点可用性。通过赛前、赛时的周密工作，圆满完成了拉力赛内蒙古段相关保障工作。

2. 完成了"神州"系列飞船着陆场区电磁环境测试保障工作

2016年4—11月间，监测站分三次历时12天，参与保障了"实践十号"返回式科学实验卫星、"神舟十一号"飞船着陆场区电磁环境测试保障任务。全区共出动保障人员23名，监测用车5辆，通过采取电磁环境测试、干扰隐患台站限时关停、非法台站清查、重点频率保护性监测等一系列措施，确保了"神州"系列飞船回收无线电安全保障任务圆满完成。

3. 组织实施了无线电监测技术演练暨四省区省际频率协调座谈会

为促进自治区无线电监测专业技术人员队伍建设，提高无线电监测技术水平和无线电干扰查处能力，自治区无委办于 2016 年 8 月 10—12 日在内蒙古阿尔山市举办无线电监测技术演练活动。

来自内蒙古自治区无线电管理系统的 13 支代表队，以及应邀前来的黑龙江省、吉林省和辽宁省无线电管理部门的 3 支代表队共计 94 名同志参加了此次活动。演练活动包括理论考试，特殊信号分析、查找定位和徒步查找信号源三个科目。

通过几天的演练，理论考试活动中盟市组获得前三名的是通辽、巴彦淖尔、乌海，四省区获得前三名的是内蒙古、黑龙江、吉林；特殊信号分析、查找定位活动中盟市组获得前三名的是赤峰、乌海、呼伦贝尔，四省区组获得前三名的是辽宁、黑龙江和内蒙古；徒步查找信号源活动中盟市组获得前三名的是包头、赤峰、阿拉善，四省区组获得前三名的是辽宁、黑龙江、内蒙古。

通过此次的演练活动，既有效地锻炼了队伍，也增进了四省区之间的协作和交流。提高了设备使用和查处复杂信号的能力。在与东三省无线电管理部门的交流中，就边境测试和频率协调，境外信号确认，"黑广播""伪基站"的查处，日常监测和干扰查处等方面进行了探讨并取得了成效。

三、做好台站日常管理工作

2016 年共办理各类设台频率批复文件 57 件（包括新设台站 26 件，续用审批 14 件，撤销台站及收回频率文件 7 件，其他批复 10 件）；完成微波通道保护协调工作 2 次，调频广播频率协调 1 次；办理无线电发射设备进关许可 2 件；回复国家发来的边境协调函 12 件。2016 年本级共进行台站年审 74 个单位。

根据国家关于台站数据库结构升级的有关要求，完成全区无线电台站管理系统升级工作，升级的数据库于 8 月开始正式运行。同时结合无线电台站数据库升级进一步补充完善台站数据库，提升台站数据入库质量。并于 12 月

2 日完成了验收工作。

2016 年 6 月组织全区业余无线电台操作技能考试，参加考试 400 人，通过考试 355 人，通过率为 88.5%。全区新指配呼号 359 个，办理业余电台执照 413 个。12 月 17 日将举行第二次全区业余电台操作技能考试，现全区报名人数 462 人。

四、保障无线网络和信息安全

2016 年，自治区无委办配合公安、广电等部门开展打击整治非法生产销售和使用"伪基站"违法活动专项行动，截至 11 月底查处"伪基站"设备 50 余起。2016 年依法取缔了藏匿于市区居民楼内或楼顶的 97 处非法"黑广播"。

查处呼和浩特电视台调频广播互调信号干扰民航导航频率；呼和浩特市公安局电子围栏干扰公众移动通信等申诉的干扰 10 起，干扰查处响应率 100%，干扰源发现率 100%。

配合教育、人事、司法、卫生、财政等部门组织的各类公开考试共 23 次，派出工作人员百余人次，查获考试作弊 10 起，涉及作弊人员 5 名，缴获作案设备 12 套，实施技术阻断 9 起。

五、加强边境地区无线电台站申报登记工作

根据国家要求及安排，制订了自治区边境地区无线电台站申报计划，在一年内，完成一级保护地区的频率台站国际登记工作，在两至三年内，完成二级保护地区的频率台站国际登记工作。根据计划，2016 年已完成了一级保护地区的台站申报任务。此外，自治区其他边境盟市也主动开展了边境频率台站国际申报工作。

六、开展电磁环境测试工作

全年完成呼和浩特轨道交通等电磁环境测试工作，完成电磁环境测试 49 次，出具报告 49 份，为当地经济建设提供了"无线"的支持。

七、加强无线电管理宣传和培训工作

2016 年 6 月 18 日，"无线电科普进校园"活动在内蒙古电子信息职业技术学院正式启动。此项活动是由内蒙古自治区无委办、自治区监测站、内蒙古电子信息职业技术学院和内蒙古自治区业余无线电协会联合举办，内蒙古电子信息学院派出 80 名活动志愿者保障此次宣传的顺利进行，800 余名大学生以及来自全区各盟市业余无线电爱好者代表参加了本次活动，起到了良好的宣传效果。

第六章　东北地区

本章主要对 2016 年东北地区黑龙江、吉林、辽宁三省份无线电管理工作进行了全面总结梳理。2016 年，东北地区无线电管理机构在做好台站、频率管理的基础上，着力做好专项行动和安全保障工作，认真开展边境频率协调工作，维护了我国国家权益。

第一节　辽宁省

一、做好中朝无线电频率协调工作，积极开展边境地区无线电管控工作

年初，省无委办充分准备、积极协调，为工信部无线电管理局会谈组赴朝鲜进行中朝边境无线电频率协调会谈做好支撑和保障工作，并派出业务骨干参加了会谈组，在会谈中省无委办以翔实的数据、坚定的立场积极应对，受到了工信部无线电管理局的书面表扬。4 月至 8 月，按照工信部无线电管理局部署，积极开展中朝边境无线电管控工作。省无委制定了《丹东地区无线电管控工作方案》，建立了管控工作机制。成立了管控工作领导小组，省工信委分管副主任担任组长，省无委办主任和省无线电监测中心主任担任副组长，领导小组负责领导和指导管控工作；领导小组下设办公室，负责相关工作的组织、协调和实施；成立台站数据申报登记工作组、台站核查工作组、监测管控工作组，分别负责台站数据国际申报、台站核查及电磁环境测试与试验台建设工作。为确保管控任务顺利完成，认真分析，确定试验台建设、电磁环境测试、台站数据国际申报的工作重点，细化分解任务，确保工作落实到

位。台站数据申报登记工作组与台站核查工作组密切配合，先行核查台站，在保证台站数据准确性的基础上进行台站数据国际申报，对公众移动通信基站按照20%比例抽查，对其他台站100%核查，在国家无线电监测中心7月份组织的中朝边境地区无线电台站国际申报交流检查活动中，辽宁省的台站国际申报工作得到了中心领导的充分肯定和高度评价；监测管控工作组积极调研论证，先后选定并落实了5个站址，指派专人配合国家无线电监测中心完成了一处试验台的建设，配合国家将丹东地区监测网络通过光纤连接到国家控制端，按照国家要求开展边境电磁环境监测周报工作11次，开展大规模边境电磁环境测试2次，发现朝方信号36个。

二、积极组织协调，稳步推进频率使用情况评估专项活动

按照《国家无线电办公室关于开展全国无线电频谱使用评估专项活动的通知》（国无办函〔2016〕4号）的要求，经省无委认真研究，结合辽宁省实际制定了《辽宁省无线电频谱使用评估专项活动实施方案》，成立了专项活动领导小组，明确了工作目标，落实了责任分工，召开了动员部署会并开展技术培训。目前，全省卫星地球站现场核查及数据填报工作顺利完成，公众移动通信、1800MHz无线接入、1427—1525MHz频段的监测数据采集工作有序开展。除对全省监测数据进行统一评估外，考虑到沈阳市、大连市的台站数量大、分布广、电磁环境复杂，鼓励其就个性化需求开展评估。9月和10月，先后两次组织地市监测人员和台站管理人员进行培训，邀请有关专家详细讲解数据采集和数据分析要求和操作方法。同时，集中开展数据分析，并挑选省内业务骨干组成专家组，对各市及全省评估报告进行论证，确保工作质量。经过全省上下共同努力，圆满完成国家下达的频谱评估任务。

三、不断强化服务意识，高效完成台站审批及军地协调

一是积极推进台站审批工作，为经济发展助力。目前，共完成设台审批6起。在设台审批工作中，主动为设台用户服好务。在辽宁移动公司提出在大连各海岛建设宽带数字微波接力系统的需求后，组织人员对各海岛微波台站进行了一次大规模核查，经过一周的奋战，有效梳理出了各站点可用频率资

源，帮助辽宁移动公司完善其频率使用及台站设置方案后，快速地完成了审批，为解决海岛陆地间通信困难、服务海岛经济提供了频率资源保障。在辽宁海事局提出设置甚高频岸台需求后，主动为其向交通部申请频率提出合理建议，使其顺利取得了交通部频率批复，并为其办理设台审批手续，为保障水上航行安全及应急通信提供了有力支持。二是积极开展军地无线电协调，服务国防建设。共开展大型军地协调活动 4 次。

四、积极查处有害干扰，保障各类业务正常开展

全省共受理干扰申诉近百起，接到干扰申诉或举报后，第一时间组织力量快速查找干扰源。其中，航空、铁路及卫星干扰 10 起。对此类涉及安全、影响严重的干扰申诉，做到 24 小时即时反应，克服各种不利因素，迅速有效消除干扰，保障频率使用安全。同时，积极开展工作，保质保量完成国家委派任务。共完成国家委派的各项任务 24 次，包括：外国政要访华使用频率预指配，排查干扰及处理群众投诉任务、配合核查台站、承办会议、意见反馈等方面。接到任务后，省无委办积极向国家请示，组织人员细致分析、认真研判、不折不扣落实，按时保质保量完成国家委派任务。

五、发挥技术优势，积极开展专项行动

年初以来，查处"黑广播"案件 348 起，收缴相关设备 316 台（套），查处"伪基站"案件 21 起，收缴及检测相关设备 10 台（套）。结合国家局和省联席办有关要求，省无委办注重加强顶层设计，突出工作方案对全省的指导作用。一是加强组织领导，成立了专项行动领导小组，加强对全省无线电战线开展打击治理工作的统一领导。二是明确工作重点，把主攻方向确定为打击治理"黑广播"和"伪基站"，解决危及无线电安全的两大突出问题。三是强化沟通协调，建立联络员制度及横向联动机制，及时传递信息，快速作出反应。四是制定奖惩措施，鼓励先进，鞭策后进，推动工作。《中国电子报》以《打击"黑广播"，辽宁模式开启新局面》为标题进行了大篇幅报道，中央电视台新闻频道《朝闻天下》《新闻直播间》《新闻三十分》《共同关注》《东方时空》等栏目对辽宁打击治理"黑广播"工作进行了专题报道。

六、着力做好无线电安全保障工作，为各类重大活动保驾护航

在各类经济、政治、文化、体育等各种重大活动中，全省无线电管理机构圆满完成了多项无线电安全保障工作，发挥无线电管理在各个领域中的重要作用。开展了元旦、春节、两会、G20峰会等节假日和重要活动无线电安全保障工作。全省无线电管理机构加强对广播电视、航空导航通信、公众通信等重点频率和重要业务的监测工作，保证了各类无线电业务的正常进行，累计监测3000余小时，值班400余人次。全省无线电管理机构为世界杯足球预选赛、沈阳国际马拉松赛、沈阳法库国际飞行大会、大连国际马拉松赛、抚顺全国山地自行车赛、满族风情节、亚洲大学生龙舟锦标赛、全民健身挑战日、丹东鸭绿江国际马拉松赛、盘锦红海滩国际马拉松赛等提供了无线电安全保障，均圆满完成了保障任务。同时，共承担国家和地方考试无线电安全保障任务300余场次，出动保障人员2000余人次，投入监测车辆700余台次，实施无线电阻断200余起，为促进考试公平提供了保障。

七、精心组织"十三五"规划编制工作，为未来发展奠定基础

"十三五"规划事关未来五年全省无线电管理工作的发展，因此，无委办高度重视，积极开展工作。一是开展需求调研。组织了对重要频率保护部门、军队、大企业、政府设台单位和各市无线电管理机构的调研工作，听取各单位各部门"十三五"期间的频率台站需求、技术设施建设需求等方面的意见和建议，并采取"走出去""请进来"的办法，与各大集成商及设备生产商进行广泛交流，了解和掌握无线电技术设施发展趋势，寻求与本省管理需求相适应的契合点。二是全方位沟通协作。加强与国家局沟通，及时掌握国家规划编制信息，确保本省规划与国家规划实现良好衔接，同时，加强与兄弟省市的信息交流，取长补短，完善工作思路。三是与科研院所开展协作，拓宽视野，增强规划的前瞻性、系统性和可操作性。《辽宁省无线电管理"十三五"规划》和《辽宁省无线管理技术设施建设"十三五"规划》已于2016年3月份编制完成，并通过了专家论证。

八、多角度开展宣传工作，提升无线电管理公众知晓度

全省各级无线电管理机构充分利用世界无线电日、无线电管理宣传月以及各种大型保障活动等契机，采取悬挂横幅、搭建宣传台、设置宣传板、发放宣传册、张贴海报等形式，面向社会公众讲解无线电知识，普及无线电管理法律法规常识。无线电管理宣传月期间，省市联手组织无线电宣传大篷车在十四个市开展巡回宣传，营造了良好的宣传氛围。省无线电管理机构还依托专业影视团队制作宣传片《辽宁无线电管理工作纪实》，对无线电管理工作开展情况及面临的形势任务等进行了宣传。12 月 1 日，修订后的《中华人民共和国无线电管理条例》施行后，全省上下联动，开展了广泛的宣传活动。省无委办在沈阳桃仙国际机场、沈阳北火车站、地铁、公交车、出租车以及街头等场所，利用电子广告屏幕播放宣传口号，向公众开展宣传，同时，还利用联手运营商，发送了公益短信。各地市也通过电台、电视台、报纸等媒体普遍开展了宣传活动。

九、积极开展岗位练兵比武，提升管理队伍实战能力

省无线电管理机构科学制订工作计划，在各项任务十分饱满的情况下，合理安排时间开展无线电技术演练，实现了技术练兵与实战的良好结合。十月中旬，频谱评估工作结束后，省无线电管理机构组织了规模空前的无线电技术演练，全省 14 个市和省无线电管理机构共 170 余人参赛，北部战区、省公安厅有关部门领导出席了演练开幕式。演练共安排了无线电监测、检测、台站、宣传等 4 个方面 8 个科目，历时 5 天，40 余名同志获得表彰。通过演练，各参赛代表队间取长补短，既坚定了工作信心，也看到了自身的差距，明确了今后努力方向。全省无线电管理队伍学技术、学业务的氛围越发浓厚。

第二节 吉林省

一、组织开展无线电频谱使用评估专项活动

按照《国家无线电办公室关于开展全国无线电频谱使用评估专项活动的通知》（国无办函〔2016〕4 号）的统一部署和要求，省无线电管理局组织全省无线电管理部门开展了无线电频谱使用评估专项活动（以下简称专项活动）。在专项活动中，省无线电管理局周密筹划，认真组织，扎实推进。一是成立了专项活动领导小组，由主管厅长任领导小组组长，强化专项活动的组织领导。二是制定了吉林省专项活动工作方案并报国家备案。方案明确了专项活动各相关部门的职责，确定了分工负责、属地化管理的原则，明确了文件梳理和现场监测比对两项重点任务。三是制定了专项活动实施方案，对专项活动使用的技术设备、工作流程、规范标准等进行了统一和明确；四是组织开展了专项活动的动员部署和培训，选派技术骨干参加了国家举办的全国无线电频谱使用评估专项活动培训班。按照计划，完成了全省 24 个卫星地球站数据整理上报，全省公众移动通信网频谱应用数据采集并形成了频谱使用评估报告，从时域、频域、空域三个维度综合评估谱使用情况，所有数据资料按时上报了国家无线电办公室。

二、组织开展了配合公安部门打击治理电信网络新型违法犯罪工作

按照工信部、国家无线电办公室相关文件要求，省无线电管理局组织全省无线电管理部门积极配合公安、广电部门开展了打击治理"黑广播""伪基站"工作。省无线电管理局按照职责要求，加强领导，科学筹划，强化协作，及时响应。一是加强组织领导，成立了全省无线电管理系统打击治理电信网络新型违法犯罪工作领导小组，分管厅长宫毓刚任领导小组组长，各市（州）工信局无线电管理分管领导任领导小组成员，省无线电管理局牵头负责本系统专项行动；二是制定了专项行动方案，明确了工作流程，分解细化了工作

任务；三是建立工作机制，与省公安、省广电等相关部门建立了联动、信息通报、会议交流机制及"黑广播""伪基站"打击治理工作情况月报制度；四是开展了3次集中打击治理"黑广播"专项行动，并积极配合省内广播、电视、报纸等多家主流媒体的宣传报道；五是完成全省查处"黑广播""伪基站"情况的统计和小结工作并上报国家无线电办公室。

截至11月底，省无线电管理局组织全省无线电管理部门配合公安部门共查处"伪基站"案件16起，缴获"伪基站"设备12套，出动监测车辆38台次，动用监测定位设备数量60台次，出动监测人员131人次，监测时长124小时，鉴定设备29套；配合广电部门、公安部门共查处打击"黑广播"237起，缴获"黑广播"设备181套，出动监测车辆349台次，动用监测定位设备数量607台次，出动监测人员1415人次，监测时长2435小时。

三、加强边境地区无线电管理工作

按照国家无线电办公室的部署，从3月中旬开始，开展了边境地区电磁环境测试报告工作，及时掌握边境地区电磁频谱态势。组织开展了中朝边境地区无线电台站国际申报工作，制定了边境地区无线电台站上报国际电联的工作方案并报国家无线电办公室备案，超额完成了国家下达的台站申报任务。

四、加强频率台站管理，积极为设台用户服务

按照国家无线电办公室要求，按时完成了监测月报统计上报工作；组织开展了1.8GHz频率规划编制工作；完成了国际滑联速度滑冰青年世界杯总决赛和2016年国际滑联速度滑冰世界青年锦标赛、长春龙嘉国际机场LTE系统等频率使用的行政许可。

五、突出做好无线电安全保障工作，维护电波秩序

认真履行"610"办公室成员单位职责，配合广电部门做好防范和打击工作，做好两会期间及敏感日无线电安全防范。完成了春节、全国两会等重点时期和重大活动的无线电安全保障工作。组织开展了抗洪抢险无线电安全保障工作。加强重点行业无线电安全保障，保障民航、铁路、防火、公安等相

关指挥调度通信用频安全。全省查处气象雷达干扰 2 起、民航干扰 9 起、铁路干扰 7 起、卫星电视干扰器 8 起、其他干扰 292 起，累计查处各类无线电干扰事件 315 起。

加强重要考试的无线电安全保障工作，完成了研究生入学、英语职称、高考、公务员等 32 次考试的无线电安全保障工作。特别是高考无线电安全保障工作，省无线电管理局组织全省工信系统 358 人，使用无线电固定监测站 15 座，无线电移动监测车、管制车和保障车辆 225 台（次），启用便携式测向设备、警示压制设备 253 台（套），无线耳机音频干扰阻断设备 324 套，对全省所有高考考点开展了无线电安全保障工作，有效地维护了国家教育统一考试的安全，得到省政府和广大考生的好评。省政府主管教育的李晋修副省长在高考工作报告上批示：工信厅领导重视，工作主动，安排周密，分工明确，部署得力，各项工作落得实、抓得好、干得出色，为全省实现平安高考做出了突出的贡献！值得点赞，真诚致谢！

六、加强法规制度建设，提高依法行政能力

按照《关于报送随机抽查事项清单、执法检查人员名录、联合抽查意向的通知》（吉府法发〔2016〕23 号）要求，完成了随机抽查事项清单工作、执法检查人员名录及联合抽查意向的填报工作；完成了工信部无线电管理局布置的《中华人民共和国无线电管理条例（修订）》第三章频率管理的第十三至第十六条内容的释义编写工作并已经上报国家无线电办公室；完成了省十二届人大五次会议第 215 号代表建议的协办答复工作。对《吉林省通信设施建设与保护条例（草案征求意见稿）》提出了修改建议两条，其中一条予以采纳。组织开展了全省无线电管理系统行政执法培训，提高全省无线电管理人员依法行政的能力。

七、积极做好边境频率协调工作

认真贯彻落实国家与吉林省周边邻国达成的各项协议，继续组织省内三家电信运营企业开展中朝边境地区公众移动通信网络调整工作，及时办理完成国家无线电办公室下达的国际无线电频率协调任务，办理完成国际频率协

调函 34 件。

八、加强无线电管理宣传工作和队伍的培训

组织开展了世界无线电日、无线电管理宣传月宣传活动。2016 年 9 月，在全省开展了主题为"净化电磁环境，依法用频设台"宣传月活动，重点宣传了无线电频谱资源的重要性和"伪基站"和"黑广播"的危害性。宣传活动在做到电视上有图像、广播上有声音、报纸上有文章、网站上有内容的同时，还采用发放宣传漫画、无线电管理宣传折页，张贴宣传海报和横幅，在市区电子显示屏播放宣传标语，利用小区公共宣传栏布置宣传信息，发送短信等方式，有序、有效地开展无线电管理宣传工作。通过媒体的宣传，提高了社会各界对打击整治"黑广播"工作重要性的认识，增强了全社会共同维护广播电视网络安全和空中电波秩序的自觉性。

积极组织开展业务培训，举办了全省无线电管理系统行政执法、全省边境地区无线电频率台站国际保护业务等培训 3 次。举办全省无线电监测技术演练 2 次。组织全省 15 人参加了国家无线电办公室举办的各类培训，有效提升了全省无线电管理技术人员的综合素质。

九、科学编制"十三五"规划

按照省政府和工信部无线电管理局的要求部署，省无线电管理局扎实开展"十三五"规划编制工作。按照程序和工作方案，完成了征求意见、专家评审、与上级规划衔接和合法性审查等相关程序的工作，形成《吉林省无线电管理"十三五"规划（送审稿）》，年底前可按时出台。

第三节 黑龙江省

一、突出重点，认真开展频谱使用评估专项活动

按照国家统一部署，把无线电频谱使用评估专项活动作为年度工作的重

要抓手，精心组织、扎实工作，一是加强组织领导，省及各市（地）无线电管理机构成立了专项活动工作组，制定并印发了翔实的工作方案；二是做好技术准备，组织全省对固定站、路测设备、软件系统等涉及的技术设施进行全面评估和调试；三是召开专项活动动员部署会议和业务培训班，传达国家专项活动通知精神，解读黑龙江省专项活动实施方案，规范工作流程和标准；四是有序开展测试分析工作。组织全省技术力量认真细致地开展数据采集、整理分析及频率台站核查三部分重点工作，还结合黑龙江省特殊地理位置对黑龙江边境线进行重点分析。6至7月份完成省内卫星地球站的实地踏勘和资料报送工作，7至8月份开展全省各市、县公众移动通信频段的测试工作，10月份形成长达175页的《黑龙江省公众移动通信频谱使用评估报告》。

评估活动对所辖13个地级市及周边区县和与俄罗斯边境全线的主要道路及重要区域进行为期28天的测试，累计监测里程15742公里，对建成区监测覆盖达91.4%，监测时长1596小时，采集数据0.14TB。评估活动进一步完善了全省辖区内卫星通信网数据资料；对黑龙江省公众通信频段频率使用效率进行深入评估，研判了运营商违规使用频率以及对高铁通信的严重威胁等现象；全面掌握边境越界信号和边境约定分配的频段内双方越界使用问题。

二、服务经济建设，科学做好频率资源及台站管理

根据国家无线电频率划分规定和业务管理权限完成行政许可审批工作。为民航部门设置使用的航务管理电台、民航台、甚高频通信电台等台站予以许可，对哈尔滨地铁2号进口发射设备及时进行审批把关。

全力支持龙江陆海丝路带中铁路、民航、管道等互联互通建设。12月份，按照省领导批示开展中俄东线天然气道工程（黑河—长岭段）电磁环境测试工作，抽调全省近80名业务技术人员组成工作组，克服零下近40度的严寒气候条件，爬冰卧雪，对管道沿线10座工艺站拟设卫星地球站逐一进行电磁环境测试，为中俄天然气管道工程顺利施工做出积极贡献。另外，年内与哈尔滨铁路局就滨绥线高铁GSM—R系统清频工作提前对接。加班加点完成亚布力机场预选址的电磁环境实地测试和报告编制工作，黑龙江省副省长郝会龙、副秘书长赵万山签批"感谢工信委的大力支持"，筹建部门赠送了锦旗和

感谢信。

三、保障无线电安全，维护空中电波秩序

认真履行省委反邪教办、省政府反恐办成员单位职责，在全国两会、党的十八届六中全会等重要会议、各敏感时期以及元旦、春节等节假日期间启动相关工作方案预案，安排人员 24 小时监测值班，保障重要无线电业务安全，防范利用无线电设备进行干扰破坏活动。两会期间，哈尔滨市排除一起由劣质车载 MP3 产生杂散信号造成的民航导航主用频率干扰案件，双鸭山市协助公安机关在一起持枪绑架案件中顺利完成爆炸物拆除任务。4 月份，双鸭山市查获一起利用"伪基站"发送反动宣传内容短信的案件，省政府陆昊省长、胡亚枫副省长、省委防范办主任石兰波先后签批并提出表扬和感谢。

全省系统应各方面请求，相继完成了东极汽车拉力赛、中俄博览会、"黑马"系列国际马拉松赛等大型活动安全保障任务 7 次。为做好哈尔滨国际马拉松赛无线电安全保障工作，制定保障方案，组织了 16 辆移动监测车和 80 余名监管人员组成的保障团队，对组委会及央视、公安、城管、海事等相关部门申报的 29 个频率频段，开展了为期一周的清频和净化电磁环境工作，向赛事沿线有关单位下发清频工作通知、整改通告共计 208 份，累计监测 463 小时，检查检测对讲机等发射设备 152 部，清除干扰隐患 42 个，排除央视直播频率和组委会专用通信频率受到的干扰 4 起，查处"黑广播"10 起、"伪基站"4 起。赛事彩排和比赛期间保障团队在赛程沿线加强保护性监测，帮助中央电视台解决了转播频点背噪过高的技术问题，成功迫降 6 架违规闯入赛区的无人机，阻止 5 名持无人机人员闯入赛场，圆满完成保障任务，受到组委会的表扬和感谢。

全省配合教育、人社等部门完成了研究生、全国高考、公务员等各类重要考试保障任务 22 次，累计派出人员 500 余人次、车辆 140 余辆次，监测作弊信号 75 起，其中现场取缔 15 起，切实维护各类考试公平、公正。

加大日常监测和干扰查处力度，全省严格落实频谱监测统计报告制度，切实发挥保障民航、铁路专用频率长效机制作用，累计监测时长 36800 余小时，及时排除各类重大干扰 37 起。

四、履行职责分工，严厉打击"黑广播""伪基站"

根据国务院和省打击治理电信网络新型违法犯罪工作部际联席会议有关精神及工信部统一部署，2016年黑龙江省积极配合公安等部门加大打击"黑广播""伪基站"工作力度，通过完善工作机制、组织员培训竞赛、装备新型侦测设备和追踪监管平台等举措，全面加强对"黑广播""伪基站"信号的监测比对、查找定位工作，在打击治理行动中发挥了关键作用。截至11月底，全省累计出动车辆1329车次，人员6139人次，监测时长68200小时，共查获"黑广播"246起、"伪基站"42起，极大压缩了不法分子利用无线电技术违法犯罪的空间。省政府胡亚枫副省长、市委书记省委常委陈海波、省委防范办主任石兰波先后批示并提出表扬和感谢。

工作中坚持"露头就打"与重灾区集中整治相结合，一方面加强日常无线电监测，定期深入县（区）、乡镇，扩大打击覆盖。另一方面，对重灾区加大打击震慑力度，与省公安厅刑侦总队密切协作，联合执法，先后在春节前、哈马赛事等重要时期开展了4次全省集中行动。3月份被国务院确定为第一批开展集中打击"黑广播"的省份后，省无管局立即召开动员部署会，成立督导工作小组，组织开展了为期近1个月的集中打击行动，其间督导工作小组到各地市实地检查、深入调研指导。

在打击治理的同时，省无管局每月向国家局报告工作动态，注重同广电、民航等各相关部门联系，及时向省联席办汇报情况，认真答复省政协关于"黑广播"提案1件，处置"黑广播"干扰民航导航通信案例6起、干扰军航导航通信案例2起，受到了省内新闻媒体的广泛关注，黑龙江电视台《新闻夜航》栏目播放了近半小时的专题片。

五、维护国家权益，积极开展涉外频率协调与监管

加强中俄边境频率协调。根据国际电联《无线电规则》，妥善处理经国家转来的俄罗斯协调函件77份，涉及频率672个，台站1226个，逐一分析回复意见。同时为保护频率资源、确保黑龙江省边境地区无线电业务正常开展，完成1112个在用台站的国际申报登记工作，涉及数据15677条。

组织中俄边境电磁环境测试，为年度中俄两国总理级会谈有关频率协调方面工作提供了有力技术支撑。边境地市克服边境线长、环境恶劣等困难，全年组织完成 4 次常规季度测试工作。7 月份历时 22 天开展"旗舰—2016"黑龙江界江电磁环境测试专项行动，辗转 8 个边境地市及所辖的 17 个县区（镇、村）等测试地点，累计测试超过 180 小时，共测试分析信号 904 个，进一步完善了边境频率台站数据库和电磁环境数据库。此外，在俄罗斯东方航天发射场首次卫星发射期间，委派黑河、大兴安岭监测站开展了专项监测活动，并及时将有关数据及情况上报国家局。

妥善办理法国政府提出的欧空局土壤湿度与海水盐度（SMOS）卫星国际干扰申诉，逐一排查了所列出的黑龙江省境内 10 处干扰点，对其中 4 处移动公司擅自设置的移频直放站和 2 处是农垦公安擅自设置的视频传输设备依法进行了处置。

六、进一步推进无线电监管能力建设

完成"十三五"规划编制工作。根据国家无线电管理"十三五"规划及省级建设指导意见，年内对黑龙江省无线电管理"十三五"规划多次进行修订完善。该规划立足"龙江边境特色"，紧紧围绕"资源"和"安全"两大核心主题，努力构建科学、完善的黑龙江省无线电监管体系，特别是衔接国家边海地区地区无线电安全保障工程，部署了 6 项主要任务和 7 项重点工程，提出了 5 项政策保障措施。结合规划还制定了分年度的建设计划及推进落实机制。

在技术设施建设方面，全面完成了对全省边境、航路及县区监测覆盖的全省 14 个小型监测站系统建设一期项目，进一步提升对境内台站及边境中俄台站的发现识别登记能力。省监测站初步完成了省级机动大队的组建工作，并在无线电安全保障、打击非法设台等工作中发挥了积极作用。

七、开展无线电管理宣传，加强队伍建设

结合年度重点任务制定了宣传工作方案，继续组织全省开展"世界无线电日""无线电管理宣传月"等活动。省局站利用电视、报纸、网络等媒体开

展无线电管理工作宣传，深入到广场、地铁、哈西客站、高速公路等人车密集场所设置公益广告牌，依托全国科普日及全省无线电监测技术演练活动集中开展了大型广场宣传活动。全省累计开展各类广场宣传活动 20 余次，发放各类宣传资料超过 3 万份，收到良好宣传效果。

省局、站还开辟新的宣传阵地，注册发布了"黑龙江无线电"微信号，并申请全省统一的无线电干扰投诉号码，制作打击"黑广播"和"伪基站"公益宣传片，一并在省及地市电视媒体宣介，将宣传工作与百姓关切紧密联系起来。

加强人才队伍建设和技术业务培训工作。组织全省范围业务技术培训 6 次，举办了百余人参加的全省无线电安全保障技术演练，积极参加东北三省一区无线电监测技术演练活动。此外各地市也根据本地情况自行组织了专项技术学习和岗位练兵，全面提高了全省专业技术队伍的能力素质。

第七章　华东地区

本章主要对华东地区上海市、江苏省、浙江省、安徽省、福建省以及江西省等省市2016年无线电管理工作进行了梳理和总结。华东地区各级无线电管理机构按照"三管理、三服务、一突出"的总体要求，锐意进取，勇挑重担，在无线电频谱资源和台站管理、无线电安全保障、打击非法设台以及队伍建设等方面均取得了长足进步，无线电管理能力和管理水平得到显著提升。

第一节　上　海　市

截至2016年11月30日，上海市无线电管理局处理来文313件，发文763件，内部报批112件。频率指配方面，受理行政审批185件，指配频率432组；审批涉外、赛事、重大活动保障及科研试验临时用频1033组；完成频率占用费征收，累计征收超过620万元。台站管理方面，受理行政审批951件，新增/换发电台执照8981张，报废台（站）19806个，审批设备进关24批次（不含进关盖章）涉及无线电设备52台，指配船舶呼号和业余无线电台呼号共351个，组织业余无线电操作证书考试8次，累计换发业余电台操作技能证书515张；审批室外宏基站1450个，共建共享征询率100%，审批室外分布系统2891个、室内分布系统7批次224个集约化项目。设备检测方面，完成新设台检测3249台次，无线电设备定检测试5016台次，公用移动通信基站检测3827个，型号核准设备检测652个，出具158套非法设备的技术鉴定报告。无线电监测及干扰查处方面，累计监测时长16804小时，处置各类重大干扰12起，出动监测人员37人次，监测车13车次。信访投诉方面，共受理信访投诉1443件，其中1232件为基站类信访，占比85%，受理数量比2015年增加87.2%。

一、强化规划引领和顶层设计

对接国家和上海市相关规划，编制发布《上海市无线电管理"十三五"规划》，对"十二五"期间的工作进行了全面总结，结合发展形势，明确了"十三五"期间指导思想和发展原则及目标，提出7大重点任务，形成与任务相配套的6个工程和24个项目；相继完成频率、台站、安全、基础设施等4个子规划，实现与总规划的对接。

持续跟进《中华人民共和国无线电管理条例》的修订发布，配合部无线电管理局撰写《条例释义》的若干条文；梳理涵盖各类无线电违法类型的行政处罚、复议案例，纳入市经信系统行政执法案例汇编；完成《上海市经济和信息化领域行政处罚裁量基准（无线电执法类）》的编制。

二、深化推进行政审批制度改革

编制形成《上海市无线电行政审批批后监管政策研究报告》；推进权力清单、责任清单的编制和完善；按照国务院文件要求，理清规范了无线电台（站）设置和地球站站址电磁环境测试等2个评估评审事项，调整了相应的行政审批办事指南与业务手册，启动对办事指南的公开评价；继续在物业服务行业公用频率对讲机、室外分布系统基站等2个领域推进告知承诺行政审批制度改革。

三、聚焦频率管理核心职能

推进对讲机"模转数"工作，加快对存量部分的消化转换；强化对重要频段的规划和评估，完成1.8GHz频段（1785—1805MHz）规划及技术要求的编制工作；完成上海港区1.8GHz频段TD－LTE技术组网建设应用项目评估；围绕国家下达的年度重点任务要求，组织实施本市频谱评估工作，及时向国家上报工作报告；推进本市频谱地图建设，与国家有关频率评估标准接口数据实行对接，利用频谱地图系统的开发平台对本次频谱数据采集（包括固定和移动）实行整合，在完成国家评估项目的同时，做好频谱地图系统的基础数据库建设。

四、创新优化台站管理模式

开展"新形态公用移动通信基站建设和管理政策咨询"研究；编制区域基站子规划，完善基站一站一档一验，深入推进基站的精细化管理；推动台站的区县属地化管理，区县无线电管理协同性得到巩固；编制形成《上海市区县无线电管理工作机制研究报告》；推动《上海市重点无线电台站布局和保护专项规划》编制，完成在市发改委、市交通委、市通管局和市环保局等相关部门的意见征询，完成文件报批稿起草；启动"无线电台站分类分级管理规范"编制；启动编制《上海市业余无线电中继台布局规划》和《上海市业余无线电中继台管理办法》，进一步完善本市业余中继台管理。

五、保障重大活动赛事会议无线电安全

重点做好杭州 G20 峰会无线电安全保障。按照工信部无线电管理局的要求，重点围绕本市两大机场以及与沿浙江周边区域，进行电磁环境监测与整治，并对潜在干扰源进行调查处理；组织 2 支专业保障团队，在峰会期间连续对上海两大机场进行全天候现场监控；派出 4 名人员和 1 辆监测车前往浙江嘉兴直接参与保障，确保 G20 峰会期间重点区域电磁环境安全以及无线电系统的正常使用。

完成 F1 中国大奖赛、世界杯自行车赛（崇明）、黄金联赛等重要国际性体育赛事的无线电安全保障任务；做好各类考试无线电安全保障工作，全年完成研究生入学、普通高等学校招生、注册会计师、司法、公务员招录等各类考试保障 12 次，出动 35 车次、160 余人次考试保障人员，覆盖全市重要考点。

六、持续做好"黑广播""伪基站"专项打击

进一步夯实与市公安局、市文广局的联动机制，持续开展打击"黑广播"专项行动，重点做好 2 月 15 日起开展的"黑广播"违法犯罪活动专项打击行动。对 3 个"黑广播"实施行政处罚，完成 11 个"黑广播"频点的监测定位并通报公安部门，报送 5 期工作信息，完成 118 套非法设备的技术鉴定（其

中"伪基站"107 台、"黑广播"11 台);会同检察、公安部门共同研究"黑广播"刑事案件证据事宜,出具基于 ITU 和行业等相关标准的"黑广播"覆盖范围计算报告。

积极完成 4 月 18 日至 5 月 31 日的全国第一批集中打击"伪基站"行动,依托上海市"伪基站"打击整治工作长效治理机制,积极做好涉案设备的检测鉴定,确保各项工作有序开展。

七、继续做好技术基础设施的建设和优化

在监测设施方面,配合上海迪士尼旅游度假区的运营,做好区域补强,建成迪士尼监测站;进一步完善浦东机场、崇明机场网格化监测网络的部署;加快推进水上监测布局,建成横沙岛监测站,完成小洋山监测站的硬件设备安装和调试;结合"黑广播"专项打击任务和重大活动保障,做好快部式网格化监测系统的应用研究;完成 5 个站点的监测压制系统,提高了对业余频率的管控能力;启动两辆移动监测车的建设任务。

在检测设施方面,完成实验室体系的运维,完成 LTE 终端测试系统验收,大力推进了无线电检测监测训练器材和设备展示升级(科普基地二期)、无源器件功率容限测试系统、卫星导航终端测试系统(GPS)和移动检测车等项目建设;针对通用参数、无线局域网设备、GSM 数字移动台和 CDMA 数字移动台四个检测项目完成扩项准备;服务小微企业,积极推进实验室开放工作,全年共计接待咨询和测试 18 次。

在信息化建设方面,积极开展调研和需求分析,启动无线电管理一体化平台建设和固定资产系统建设,协同办公平台全面上线投入运行。

八、宣传工作服务重点任务的能力进一步加强

专项宣传成果斐然。实施"黑广播"专项打击行动深度宣传,完成专题宣传片拍摄,在电视台播放共计 78 次;向市民推送"防范黑广播"的公益短信;在央视直播间栏目中,报道了时长 8 分半,名为《"黑广播"背后的利益链:药品成本 9.9 元对外卖 330 元》的上海打击治理"黑广播"专项行动阶段性成果的新闻。有力实施了全国无线电宣传月活动。组织开展 2016 年无线

电创新发展高峰论坛、普及教育进万家、无线知识直播竞猜联动、关爱体验：小记者日志等重点活动，直接参与互动市民万人以上。近15家媒体参与报道，同时通过申城无线官方微信公众号、万体馆户外大屏、海报张贴和阿基米德FM等传播方式，扩大社会影响力。日常宣传有序推进，围绕高考等重点保障工作，组织主流媒体到考试保障现场进行采访；继续做好三期无线电专刊出版发行；新媒体方面，发布新浪微博1575条、腾讯微博1410条，粉丝逾12万人；微信公众平台共发送图文信息300个，约1300条信息，关注人数逾千人。社会宣传面效应显著扩大，完成国家级科普基地挂牌，组织青少年参观科普基地20场次，累计2300多人次；组织无线电科普活动进社区和校园活动22次，参加16000人次；青少年无线电竞赛活动1次；与区县联合开展科普10次8000人参与；完成了2016年14所无线电特色教育学校、无线电特色教育活动中心授牌、赠书工作。

九、以队伍建设为抓手强化内部建设

抓干部结构优化。配合市经信工作党委组织开展市无线电管理局副局长岗位的选拔任用；经局党组研究，组织开展监督检查处、频率管理处和台站管理处3个部门副处长岗位的选拔任用；组织实施2016年度公务员招录及军转干部招录安置工作。抓干部能力提升。引入上海交通大学和市委党校五分校优秀的师资力量和课程设计，通过政治理论学习、形势政策分析、行业趋势研究、管理技能提升等课程，帮助领导干部充分认识面临的新形势、新任务，创新无线电管理工作方式，提高业务能力。2016全年组织培训课时达到36个课时，培训人次为762人；此外，选派职工参加工信部、国家无线电管理局、市委组织部、市经信委、中国无线电协会等单位组织的各类综合或专业培训11批次，培训人次共31人。抓人事管理基础建设。根据市委组织部及市经信工作党委关于干部档案专项审核工作统一部署，对市无线电管理局管理范围内的干部档案进行了专项审核，对档案中存在的问题，逐一进行认定并签字确认，有效推进了干部人事档案的规范化管理。抓项目管理流程规范化。根据《上海市无线电管理局项目管理办法》及其补充规定、《项目管理流程》等相关文件，梳理形成项目管理流程图；进一步规范项目建设，2016

年共立项 42 个，涉及资金 3368 万，完成项目建设 51 个，涉及资金 6518.9 万元；配合 2017 年频率占用费资金预算申报工作，完成 2017 年储备项目申报及审核工作，形成 2017 年项目储备库，项目储备库含储备项目 47 个，储备项目合计金额 6628 万元。

第二节 江苏省

一、编制完成"十三五"规划

按照"高起点、高标准、高质量"的要求，集中精力抓好"十三五"规划编制工作。一是反复修改完善规划文稿。在去年规划起草的基础上，广泛征求部队、有关行业部门和市级无线电管理机构的意见，先后进行了六次重大修改，形成了规划送审稿。二是组织通过专家论证评审。邀请工信部无线电管理局、军队频管办、兄弟省市无线电管理机构和高校、科研院所专家领导组成专家评审组，进行充分论证，与会专家一致给予了很高的评价，顺利通过了专家论证。根据专家评审意见，对规划进行修改完善，并上报省经信委。三是着手构建执行机制。为保证规划目标落到实处，围绕确定的重点工作任务，细化分解任务、明确工作责任，着手起草"十三五"技术设施建设三年滚动实施计划，并在建立规划执行机制上进行了探索。"十三五"规划开局良好，目标基本达成。

二、大力推进技术设施建设

一是稳步推进省级骨干网建设。针对部分地区选址难、建设慢的突出矛盾，江苏省无线电管理局多次派人现场办公，及时协调解决有关问题，指导地市做好配套工作，南通、宿迁等地的新改（建）站加快建设，设备已全部安装到位，至此 9 个新改（建）站项目已全部完成，正在准备项目终验。抓紧推进 2013 年、2014 年共 7 个一类固定站项目的招投标，5 月下旬顺利完成，目前进口核心设备已经到岸，中标单位正在抓紧开展系统集成前期工作。继续做好 2015 年和 2016 年共 4 个一类固定站项目的招标委托工作。移动监测站及专用车辆项目于 G20 峰会保障前配发地市使用，顺利结项。可搬移监测站项目完成终验。全年共现场勘察确定镇江、南通、徐州、连云港、泰州等 5 个固定站站址。二是区域监测网建设有序展开。为充分调动地市在区域监测网建设中的主动性和积极性，更精准地选好项目、更有效地使用资金，江苏省无线电管理局加大专项资金分配使用的改革力度，通过公开评审，分批次完善优化地区监测网技术设施，首批四个市的项目获国家批注建设，各市在广泛调研的基础上，开展设备选型和技术测试，进一步完善技术方案，小型站选址基本确定，南京、盐城已完成专家论证，项目资金已经到位，招标程序加快推进。第二批四个市区域监测网项目完成项目申报。三是移动监测站项目顺利完成。及时跟踪项目建设进度，多次派人赴建设单位沟通协调，确保建设质量和时序要求。在 G20 峰会前夕，7 辆移动监测车顺利交付。结合重大活动保障，在禄口机场举办交付仪式，并在机场周围开展 24 小时动态监测，推动了项目顺利结项。四是设备运维管理进一步加强。制定《加强派驻管理工作的意见（试行稿）》，明确了驻点人员的基本行为规范和工作要求，以及派驻单位、联系部门的工作责任。坚持维护工作日志制度和工作交接制度，全年解决固定站等监测设备（120 余次），网络设备（220 余次）故障，开展固定站铁塔安全巡检维护、网络设备巡检（7 次）。全省监测检测设备运行情况良好，故障解决率为 100%，回复率 100%，按合同规定巡视率 100%。

三、切实强化频率台站管理

一是开展频谱使用评估专项活动。频谱使用评估专项活动是 2016 年全国无线电频谱资源调查的一项创新举措，既没有现成经验、也没有现成模式。为做好这项工作，江苏省无线电管理局召开全省业务工作会进行专题部署，对频谱测试、数据存储及评估方法等技术问题做了具体要求，并针对需要重点把握和解决的问题开展了专项培训。各市充分发挥主观能动性、调集各方资源开展评估活动，邀请专业厂家提供技术支持，多方比选确定评估方案，为评估活动成功开展奠定了基础。全省共投入 17 个固定站测试，固定监测总时长 1644 小时，投入 26 辆移动监测车，移动监测总时长 2301.5 小时，监测总里程 48328.5 公里，共采集数据 753.2GB。二是保障重点领域频率需求。在充分调研的基础上，编制完成 1.4GHz 和 1.8GHz 频段使用规划，形成《江苏省无线宽带数字集群专网建设综合规划方案》，已获工信部批准。制定下发《关于 1785—1805MHz 频段无线接入系统频率台站管理有关事宜的通知》，为提高频率利用效率、缓解资源紧缺矛盾、促进江苏省无线宽带数字集群系统健康发展奠定了基础。加快重点工程项目频率使用审批，保障了国家电网苏州公司 LTE 系统、淮河流域江苏段重要水利设施通信系统、南京地铁宁高城车地无线综合通信系统、南瑞集团 1.8GHz LTE 宽带技术试验、省气象系统风廓线雷达等重点工程项目的频率需求。为保障民航、铁路无线电频率安全，积极与有关部门密切协作，完善干扰排查工作流程、落实频率保护长效机制。完成连盐铁路、徐宿淮盐铁路 GSM-R 系统清频工作，排查航路地空通信、宁合铁路 GSM-R 系统频率等干扰投诉 66 起，有效地保护了航空、铁路无线电专用频率。三是不断规范台站管理。针对台站管理中存在的问题和薄弱环节，积极采取对策，强化基础业务。认真做好新设台的审批、登记、执照核发工作，及时对报废台站进行注销。规范台站数据库，对发现的台站站址经纬度不准确的认真核实修正。认真梳理近年来船舶电台管理中遇到的问题，与长江通管局就船舶电台管理模式问题进行研究。加强军地协调，就大丰气象雷达站、盐城中波台迁址等问题与部队进行了协商。加强业余无线电台管理，各市规范开展业余无线电台操作证书考试，鼓励和引导业余无线电爱好者在协助无线电管理、服务经济社会发展中发挥作用，苏州昆山无线电爱好者为阜宁风灾提供了应急通信保障。

四、扎实推进依法行政

一是清理行政权力深化简政放权。减少行政许可事项 1 项，将台站呼号审批并入台站设置审批，完成权力事项精简工作。按照江苏省审改办统一部署，完成全省无线电管理机构行政权力标准化清单和全省无线电管理行政权力办事指南编制，实现了省市两级行政权力名称、分类、依据、编辑的"四同"，为进一步推进办事公开、信息公开打下坚实基础。根据国家信用办《行政许可、行政处罚信用信息双公示》有关标准，完成行政许可、行政处罚信息公示推送系统建设。二是加强法制建设清理执法队伍。积极配合江苏省高检、省法制办工作，做好无线电管理行政执法与行政司法衔接工作。严格对照《江苏省行政执法证件管理办法》的相关规定，认真组织开展对本级行政执法主体、执法人员及其依据的集中清理工作。严格持证上岗和资格管理制度，开展无线电执法及法律知识培训，健全纪律约束机制，全面提高执法人员素质，对调离、退休的 6 名执法人员及时收回其行政执法证件，并予以注销。三是规范行政执法打击非法设台。按照国务院打击治理"黑广播"违法犯罪专项行动动员部署电视电话会议要求，深入开展全省打击治理"黑广播"专项行动。全省无线电管理机构共查处"黑广播"案件 89 起，其中干扰民航案件 5 起，缴获设备 70 套。与公安和运营商联合开展打击"伪基站"行动，查处"伪基站"案件 17 起，缴获设备 12 套，鉴定设备 26 套。

五、圆满完成重大活动无线电保障任务

一是保障 G20 杭州峰会无线电安全。根据峰会安保工作统一部署，按照"会前查干扰、整环境，会时重监测、抓应急"的思路，扎实开展"守点、护线、收紧网"系列工作。峰会前夕，江苏省无线电管理局组织南京等 7 个市的业务骨干在禄口机场开展监测演练。苏、锡、常三市在江浙交界的宜兴地区，扬州和镇江两市在交界区域分别组织了 G20 峰会无线电安保联合管控实战演练。峰会期间，省监测站和南京管理处进驻南京禄口机场开展 24 小时不间断保护性监测，无锡代表江苏省无线电管理局组织分队赴浙江绍兴承担应急支援任务。同时，加大对"黑广播"等非法设台行为打击力度，全省累计出动人员 636 人次，动用设备 526 台次，监测 436 小时，南京、无锡等市查处机场、航线无线电干扰两起，苏州查处军用频率干扰 1 起，徐州、淮安、南通和盐城等市查处"黑广播"4 个，查处大功率多频段信号干扰器 7 个。二是严格开展考试反无线电作弊工作。全省无线电管理机构与公安、教育、人事等部门密切配合，完成研究生入学考试、普通高考、英语四六级考试、国家公务员录用、省公务员录用、会计师考试、司法考试等 7 次考试反无线电作弊工作，累计派出无线电监测人员 1431 名，车辆 467 辆，启用监测设备

708 套，发现作弊信号 5 起，并成功实施无线电阻断，查处作弊案件 2 起，查获涉案设备 2 套，有力地保证了国家各类考试的公平、公正。三是保障重大活动无线电安全。各地紧紧围绕中心、服务大局，顺利完成全国两会、党的十八届六中全会、春节、国庆等重要时期保障任务，为国家公祭日、环太湖国际公路自行车赛、南京和扬州等市马拉松赛以及亚欧领导人峰会、联合国秘书长等外国政要访华指配频率、加强电磁环境监测和干扰排查。

六、监测检测水平不断提升

一是加强日常监测工作。根据工信部无管局部署，完成超短波频谱监测任务 4 批，对 22 个频段进行了频谱资源占用监测。全年共完成干扰查处 113起，完成预指配频率监测 196 个，累计监测时间 150081 小时，识别不明信号178 个，其中违规信号 139 个全部查实，为频率台站决策和无线电行政执法提供了重要支撑。二是做好重点业务电磁环境测试。积极与民航华东空管局合作，以直升机为平台，搭载 DDF007 便携式无线电监测测向天线，探索开展空中无线电监测和测向技术。为射阳机场测距仪及全向信标台站址、江苏省气象局雷达、淮安涟水机场二期等重大工程项目的建设开展了电磁环境测试。三是积极提供检测核准服务。加强检测实验室建设，顺利通过国家级监督评审。利用无线电发射设备型号核准检测的技术手段，为企业提供设备认证等多种服务，共核准检测无线电发射设备型号 86 例，检测各类样品共计 282台，出具检测报告 258 份。

七、内部管理进一步规范

一是认真开展"两学一做"学习教育。根据上级统一部署，扎实开展"两学一做"学习教育，切实加强党员教育管理，严肃政治生活纪律，每周组织党员干部开展集中学习，按照"读原著、学原文、悟原理"的要求，学习党章、党规和习近平总书记系列重要讲话精神，先后组织六次专题交流研讨，处以上党员干部共提交心得体会 32 篇。局领导和处以上党员干部按照"七查摆七强化"、普通党员按照"五查摆五强化"的要求，坚持问题导向，深入查摆问题，认真开展批评和自我批评，通过自己找、相互提，分类梳理问题，查摆剖析原因，明确整改方向。对照合格党员标准，坚持立学立行、边查边改。二是统筹加强人才队伍建设。密切关注江苏省监测站和各市监测站参公进程，省站和五个市先后完成了参公工作。与南京邮电大学合作开办领导干部高层研修班，帮助领导干部了解行业前沿技术动态，拓宽无线电管理工作视野，提升管理决策能力。组织全系统 2013 年以来新进的 30 名人员，在常州进行了为期四天的学习培训。三是扎实推进政务信息宣传。紧紧围绕局中心和重点工作，指导地市开展宣传工作，发挥门户网站宣传主阵地作用，全年共发布新闻信息 700 多条。充分借助媒体平台，与江苏科技报开展宣传合作，共发布无线电科普专栏 16 期，指导南京市管理处积极参与全省科普宣传活动周和全国科普日活动，省委常委、宣传部部长王燕文莅临无线电科普展位观摩，被中国科协表彰为全国科普日特色活动优秀单位。四是切实加强综合保障。根据国家专项资金使用管理新办法和预算编报新要求，加强专项资金使用管理和预算编报。接受审计署驻宁办、省审计厅、省财政厅等主管部门的财务专题审计 5 次。组织对全省车辆、房屋和专用设备等固定资产进行了分类清核登记。

第三节　浙　江　省

一、圆满完成 G20 杭州峰会无线电保障任务

在工信部无管局的指导帮助下，结合峰会无线电保障实际，成立由国家相关部委、省级相关部门组成的无线电保障协调机构，制定了工作方案和应急预案。建设、完善峰会无线电保障监测技术设施和指挥手段，全面收集重要用频单位峰会期间的无线电频率需求，开展无线电台站清理整治专项行动，现场检查单位 2300 余家，登记无线电发射设备 5800 余台，对设置在杭城"三高"地点的 118 个无线电台站逐个进行现场检查，全面掌握发射设备工作状况。将峰会文艺演出作为重点保障对象，多次调研用频需求，实地开展电磁环境测试，帮助承演单位解决技术问题和受到的内部干扰。

调集全省 15 辆专业技术车辆、35 台套专业设备，85 名保障人员，对峰会核心区域实施现场保障。受理峰会保障单位、国内外新闻媒体 168 家单位的 263 起用频、设台申请，指配频率 847 个（组），检测设备 476 台，核发无线电台执照标签 34969 个。协助工信部无管局完成 29 个外国代表团和国际组织访华临时用频指配，指配频率 169 个（组），核发外事无线电设备标签 742 个。协同安检员开展无线电发射设备准入核验，完成了 2000 余名安检员的业务培训，发放培训材料 8000 余份，确保发射设备准入制度有效落实。安排 5 个移动监测组对峰会核心区域开展保护性监测，累计监测时间 317 小时，里程 1170 公里，获取第一手监测数据、报表 185 份。对萧山机场、西湖岳湖开展 24 小时近场驻守监测，并与有关部门协同应对外国代表团释放干扰信号的安全风险。开展峰会核心区域场馆电磁环境测试，发现并排除 2 处无线电干扰隐患，受理并查处各类无线电干扰申诉 16 起，三十分钟响应率和有效处置率均为 100%，特别是查处了多起民航、公安和军用频率受干扰事件，维护了航空通信和峰会安保勤务通信的安全。峰会期间，电磁环境持续良好，各类无线电业务应用规范有序，无线电保障任务圆满完成。

二、全力做好第三届世界互联网大会保障工作

在浙江省经信委和大会浙江承办工作小组的领导下，统一思想，明确任务，精心组织，全力做好大会无线电保障工作。从全省抽调业务骨干 40 余名，专业技术车辆 9 辆，专业设备 30 余台，组建无线电保障团队。制定了周密的保障方案和应急预案，明确了保障任务分工和工作职责，建立了应急指挥体系。加快保障技术设施建设，新建乌镇无线电监测指挥中心和固定监测站，部署永久会址分布式无线电监测系统。组织开展乌镇地区电磁环境专项整治，走访永久会址及周边单位 279 家，通过现场执法检查，责令违规用频、设台的单位限期整改。受理大会相关无线电业务申请 84 起，指配频率 266 个（组），核发无线电台执照标签 1635 张。加大重点频段监测保护力度，10 月起对乌镇地区重点频段实施 24 小时不间断监测，组织开展电磁环境路测、异常信号排查和场馆电磁环境测试。现场保障阶段，采取固定站监测、驻点监测和移动巡测相结合的方式，对重点频段和已指配频率开展保护性监测，累

计监测时长 480 小时，受理无线电干扰 5 起，均及时查明原因，作出有效处置。加强嘉兴机场、杭州萧山机场的保障力量配置，完善干扰申诉机制，保障航空用频安全。在嘉兴地区开展针对非法设台的专项监测，定期在乌镇开展"伪基站""黑广播"专项巡测，先后配合有关部门在嘉兴地区查处"伪基站"案件 2 起，取缔"黑广播"电台 3 个。大会期间，各类无线电设备使用正常，未发生无线电安全事故，保障任务顺利完成。

三、抓好"十三五"规划编制和地方性法规立法

在回顾总结"十二五"工作，收集分析相关资料，深入调研"十三五"发展需求的基础上，组织编制了《浙江省无线电管理"十三五"规划》和"十三五"技术设施建设子规划，包括频率台站管理、法律法规体系、电波秩序维护、无线电安全保障、基础设施建设、信息产业发展、服务国防建设等主要内容，明确了"十三五"期间浙江省无线电管理工作的指导思想、基本原则、发展目标、主要任务和保障措施。规划发布后，努力将年度管理工作与规划内容相衔接，依据规划安排技术设施建设项目，确保规划有序实施。

《浙江省无线电管理条例》在 2015 年 11 月 30 日召开的浙江省第十二届人民代表大会常委会第二十四次会议上通过初审，已进入省人大法工委二审阶段。为加快推进立法进程，按照省人大法工委安排，积极配合其开展立法调研，修改草案内容。结合新修订的《中华人民共和国无线电管理条例》颁布实施，根据相关情况及浙江省实际，对草案进一步修改完善。

四、依法依规加强无线电日常管理

按照依法行政的要求，进一步规范行政许可的受理条件、审查内容、审批流程和决定文书，对行政征收的流程进行梳理规范。截至 2016 年 11 月底（下同），全省共办理无线电管理行政许可 3579 件，指配频率 562 个（对），审批台站 10.44 万个，指配呼号 1521 个；办理行政处罚案件 17 起，罚没非法设备 80 台（套）。继续开展无线电年检自查和现场核查工作，启动"双随机"抽查前期准备工作，加强了行政许可的事后监督检查。组织开展全省行政执

法案卷评查,提升各市行政执法工作的规范性。

进一步完善航空、铁路专用频率保护长效机制,组织开展温州永强等机场电磁环境保护区划定工作,严格实施高铁沿线随列车巡测制度和民用机场电磁环境监测制度,加强重要业务和重点区域的日常保护性巡测,及时发现并排除干扰隐患,全省共查处各类无线电干扰 113 起,切实维护了空中电波秩序。

配合公安部门开展打击治理电信网络新型违法犯罪专项行动,充分发挥无线电管理部门在"伪基站""黑广播"监测发现、查找定位等方面的技术支撑作用,结合 G20 杭州峰会和第三届世界互联网大会无线电保障工作,加大对"伪基站""黑广播"的查处力度,全省共查处"黑广播"案件 35 起,"伪基站"案件 48 起。与此同时,完成了研究生入学、公务员录用、高校招生等 27 次重大考试无线电保障任务,保障考点 417 个,有效防范了非法利用无线电设备考试作弊行为。

五、为国家和浙江省发展大局提供优质服务

根据工信部无管局的统一部署,开展了频谱使用情况评估专项工作,通过实地核查和现场路测,全面掌握了浙江省公众移动通信和卫星频段的频谱利用情况。应东部战区频管部门商请,协助完成了神州十一号飞船航天任务相关的无线电保障。为宁波北仑港、萧山机场空管增加了 800MHz 数字集群系统使用频率。开展了嵊泗新一代气象雷达和萧山机场雷达的军地频率协调。对电力系统 230MHz 频段,杭州、绍兴地铁的频率需求进行了调研。开展了杭州地铁 5、6 号线、杭临线、杭富线和杭甬、杭宁高铁客运专线的用频、设台审批。规范全省 150MHz、400MHz 频段和调频广播电台管理,组织开展 230MHz 频段不明信号排查。推动成立了省业余无线电协会,督促各市加强业余无线电台管理。完成了国家交办的日本卫星地球站协调、欧洲空间局卫星干扰排查、中俄双边频率协调会会务保障等任务。

联合省质监局开展全省打击生产未经型号核准及未经强制性产品认证出厂的无线电发射设备专项行动,调查核实全省无线电发射设备生产、销售情况,依法查处生产未经型号核准及未经强制性产品认证出厂无线电发射设备

的生产企业。

加强中央财政转移支付专项资金的使用管理，完成了下达资金分配、次年资金申请、结余资金调剂使用及季度统计工作，编制上报了 2015 年专项资金绩效评估报告。结合"十三五"规划的实施，加强全省技术设施建设的统筹管理，严格按照规划安排建设项目，同时加大对各市项目建设的指导力度，着力抓好全省无线电管理一体化云平台等重点项目建设。

六、抓好无线电管理宣传工作

组织开展世界无线电日、全国无线电管理宣传月等专题宣传活动，结合 G20 杭州峰会和第三届世界互联网大会无线电保障开展了政策法规宣传。落实无线电管理宣传工作站制度，规范了《全国无线电管理通讯》信息报送，配合公安部门开展了禁毒、防范"伪基站"等相关宣传，全省媒体宣传和政务信息报送继续保持良好势头。

第四节　安　徽　省

一、深入研究，新修订的《中华人民共和国无线电管理条例》宣贯启动

一是深刻领会工信部《中华人民共和国无线电管理条例》（以下简称《条例》）宣贯会议精神。2016 年 11 月 29 日，工信部召开《条例》宣贯电视电话会议，安徽省经信委分管领导率全省无线电管理系统处级干部在安徽分会场参加会议。与会同志认真学习了刘利华副部长讲话精神，深刻领会《条例》修订实施的重大意义。二是组织召开《条例》学习研讨会。为做好《条例》宣贯工作，12 月 1 日，组织召开《条例》学习研讨会，对照 1993 年版《条例》，重点就修订之处详细解读阐释了新《条例》。与会人员认真学习，并结合安徽省实际，围绕无线电管理机构职责、频率管理、台站管理、发射设备管理、电波秩序维护业务工作、法律责任等方面展开讨论，提出工作建

议，取得良好效果。

二、科学编制，《安徽省"十三五"无线电管理规划》正式印发

一是广泛征求意见。2015年10月《安徽省"十三五"无线电管理规划》（以下简称《规划》）初稿编制完成后，广泛征求了系统内外的意见建议，与兄弟省份就《规划》编制进行了深入交流，借鉴了好的思路方法。二是赴部做好对接。安徽省经信委领导率队先后两次赴工信部无线电管理局，汇报《规划》编制以及"十三五"技术设施项目建设工作，做好与《国家无线电管理规划（2016—2020年）》的充分衔接。三是组织专家论证。邀请工信部无线电管理局、国家无线电监测中心及安徽省行业院校专家，于2016年6月召开《规划》专家论证会，专家组一致同意《规划》通过评审。《规划》经委主任办公会审议通过，于12月14日正式印发。

三、保质保量，频谱使用评估专项活动顺利收官

一是制定专项活动实施方案。认真落实国家有关会议和文件精神，制定了《安徽省无线电频谱使用评估专项活动实施方案》。二是开展卫星地球站频谱评估工作。对全省49个卫星地球站实地核查，现场监测信号，核实技术参数。逐条逐项核对采集数据，于8月12日提前报送了《卫星地球站上报信息表》。三是召开电信运营商工作推进会。组织安徽电信、移动、联通、铁塔公司召开了公众移动通信频段频谱评估推进会，要求配合做好相关工作。四是做好专项活动配套支撑工作。启用安徽省无线电一体化平台中的新版频率台站管理系统，认真核对运营商报送的基站数据，新增入库基站12.9万个。五是完成公众移动通信频谱评估工作。下发通知要求各市管理处提前做好人员、车辆、设备、路线规则等相关准备工作。对新采购的频谱评估专用系统组织开展了培训，并在全省固定站、小型站、移动车上部署。11月19日数据采集工作开始，全省16市管理处出动64人、33辆移动监测车，启用27个固定和小型站，保证每市两个移动测试组同时开展工作。由于时间紧、任务重，业务人员主动放弃周末休息时间，加班加点、连续作战，仅用时20天就完成基站数据采集和全省评估报告编制。此次专项活动测试里程9178公里，采集数

据量达 1.1TB，从时域、频域、空域（功率域）等多个维度，全面、准确掌握了全省建成区各公众移动通信频段频谱使用以及基站设置情况，为下一步频谱使用评估工作常态化打下了坚实基础。

四、驱动发展，频率资源承载能力进一步增强

一是科学规划频率资源。为科学规划 800MHz 数字集群频率资源，印发了《关于 800MHz 数字集群频率指配有关事项的通知（征求意见稿）》，广泛征求意见建议。为做好 1.4GHz 无线宽带数字集群、1.8GHz 无线接入频段使用规划，在全省范围内组织开展了需求调研工作，收到 50 多家单位反馈，其中公安、电力、机场、港务、轨道交通、移动通信及淮河水利等单位提出了较明确的 1.4GHz、1.8GHz 频率需求。二是充分发挥要素驱动作用。为合肥港、安徽信威、宿州恒康新能源、明光爱康电力公司指配了 1.8GHz 无线接入频率。合肥、安庆、淮北、阜阳、滁州、宣城管理处为本地用频单位指配了民用对讲机通信频率。频率指配前认真做好电磁环境测试，仔细审查申请单位的组网方案。

五、规范运行，台站监管能力进一步提升

一是规范公众移动通信基站运行。按 3% 比例对全省公众移动通信基站进行抽测，抽测范围保持均匀覆盖。针对一些单位和个人私设手机屏蔽器多发问题，合肥、铜陵等管理处分别出台了《公众移动通信干扰器发射设备管理规定》，并以市政府通告形式向社会公布，有力维护公众移动通信秩序，受到电信运营企业和群众一致好评。二是强化对广电台站的监督检查。开展对大功率广播电视及乡镇调频广播台站监督检查，对手续不全、发射参数更改、指标不合格及执照过期等情况，出具整改通知书，责令限期整改。三是开展水上无线电执法行动。沿江各市管理处联合长江海事部门，查验船舶电台执照，进行设备检测，查处违法行为，宣传无线电管理法规。对 2007 年以来全省指配的船舶电台呼号进行了全面清理。四是加强业余无线电台管理，集中更换 2013 年之前发放的业余无线电台旧版操作证书，核换发电台执照。开展了全省业余中继台设置使用情况调查，指配业余无线电台呼号 150 余个。

六、重拳出击，非法设台得到有效遏制

一是建立联合工作机制。与公安、广电、宣传、电信运营商等部门联合开展打击"黑广播""伪基站"等非法设台工作，建立高效信息沟通渠道，形成快速响应机制。二是开展集中整治行动。针对安徽省合肥、六安、淮南、淮北、阜阳等"黑广播"多发区域及民航重点区域，制定工作方案，于2016年1月、4月、11月组织开展了3次集中整治行动，出动120人次、48车次、160台（套）设备，查处"黑广播"71起。三是开启群防群治模式。发挥广电部门、移动公司、铁塔公司及业余无线电爱好者日常监管作用，摸排非法设台情况；加强科普宣传，提高社会公众辨识"黑广播""伪基站"等非法设台的能力，向社会公布了举报电话。四是加大违法惩戒力度。安徽省查处的2起"黑广播"、1起"伪基站"、1起"手机群发器"案件经法院审理后宣判，涉案的8人被以"扰乱无线电通讯管理秩序罪"判处6个月至1年半不等刑期，并处6000元至1万元不等罚款。查处的其他"黑广播""伪基站"等非法设台案件也陆续进入司法程序。

截至目前，2016年安徽省共查处"黑广播"178个、"伪基站"56个，为公安部门出具"伪基站"检测鉴定报告51份。查处卫星干扰器、手机屏蔽器等其他非法设台73个。通过法律手段，加大惩戒力度，震慑了不法分子，保障了民航无线电通信安全和人民群众的切身利益。

七、多措并举，电波秩序得到有效维护

一是加强日常频谱监测。截至2016年11月底，全省频谱监测总时间达15万小时，预计全年将突破16万小时，再创历史新高。按国家新要求，做好频谱监测统计报告编制工作。二是加大干扰排查力度。2016年以来，共排查铁路、民航、公众移动通信等重要业务无线电干扰160余起，有效维护了空中电波秩序。三是开展无线电管理技术服务"大篷车"进民航活动。制定活动方案，成立安徽省经信委牵头、民航部门参加的领导小组和工作组，对安徽省6个民航机场、9条航路进行保护性监测，及时发现并排除了干扰隐患，对民航通信、导航、监视等无线电设备进行检测，掌握了民航频率使用和台

站设置情况。四是开展芜宣铁路清频保护。制定工作方案，召开协调会，组织省无线电监测站及芜湖、宣城管理处排查铁路 GSM－R 频率干扰，对清频自查情况进行复核，保障铁路建设顺利进行。

八、突出重点，无线电安全保障有力

（一）G20 杭州峰会无线电安全保障任务圆满完成

安徽省经信委作为 G20 杭州峰会国家无线电安全保障协调机构成员单位，一是认真落实国家有关文件和会议精神，召开了民航、广电部门参加的保障工作协调会议，制定保障工作方案，成立了由安徽省经信委牵头、相关部门参加的保障工作协调领导小组，同时成立了 5 个应急机动分队。二是从 8 月 9 日开始调集 70 余人、23 个固定站、17 辆移动车、120 余台（套）设备，对 G20 峰会期间使用航路及备降机场区域电磁环境进行全面监测，及时排除干扰隐患。清理整顿了大功率无线电台和乡镇调频台，严厉打击了"黑广播""伪基站"等非法设台行为。三是峰会期间，实行 24 小时值班制度。8 月 31 日派出 1 个应急机动分队赴浙江衢州支援 G20 保障，其余 4 个应急机动分队分别在合肥、宣城、黄山集结，确保省内重点区域无线电安全万无一失。

（二）完成了其他重大活动、重要时期无线电安全保障任务 80 余次

包括世界铁人三项赛，中国黄山国际山地车公开赛、新安江山水画廊国际马拉松赛、国际龙舟公开赛、全国竞走大赛暨奥运会选拔赛、全国游泳锦标赛、全国第六届农歌会、第七届黄梅戏艺术节、2016 年中国图书馆年会等。做好两会、节假日、汛期等无线电安全保障工作，实行 24 小时值班。

（三）防范和打击利用无线电进行考试作弊

全省共完成公务员、建筑、卫生、会计、研究生、高考、中考、大学英语四六级等各类考试无线电安全保障任务 300 余次，出动 1500 余人次，700 余车次，设备 1800 余台次，查处无线电作弊案件 56 起，阻断作弊信号 38 个，收缴作弊设备 43 部。

九、积极服务，促进经济社会发展

一是做好型号核准初审工作。为全省电子信息制造等行业企业提供优质

高效服务，对科大讯飞、凯翼汽车、博西华、展科通信、四创电子、晶弘冰箱等 25 家企业进行了发射设备型号核准初审。二是开展电磁环境测试工作。完成了黄山、蚌埠、金寨、宁国、合肥通用机场选址及宣城气象雷达站址的电磁环境测试工作，累计测试 100 小时以上，出具了电磁环境测试报告，收到感谢信 8 封。

十、强化支撑，技术设施项目按期建成

2016 年安排 12 个项目，计划 12 月底前全部完成项目招标。2017 年项目计划编制完成并上报了国家。随着建设步伐加快，无线电技术支撑能力明显增强。一是省级技术支撑能力换挡升级。建成了"两室四中心"，包括无线电管理展室、监测设备室及无线电监测指挥控制中心、监测分析中心、大数据云计算中心、检测中心。二是市级技术支撑能力全面提升。2015 年度的全省固定监测测向站、小型监测站、监测设备搬迁、便携式无线电信号监测仿真系统、便携式监测测向站、全省数字对讲机综测仪项目建成并投入使用。

十一、外树形象，宣传效能进一步显现

一是在省经信委办公平台编发信息 360 余条，在《中国电子报》《人民邮电报》、中国无线电管理网站、《中国无线电》杂志以及地方主流媒体上刊发文章或信息 400 余篇。二是组织开展了"世界无线电日""无线电管理宣传月"等专题宣传活动，借助短信、户外、报纸、广播、电视、网站、微信等媒体，开展了宣传进校园、进社区、进广场等形式多样活动。组织有关市管理处精心制作宣传海报，在市区热线公交上张贴，扩大宣传覆盖人群，提升宣传效果。三是把宣传与重大活动保障、打击非法设台等实际工作结合起来，央视《共同关注》和《新闻直播间》栏目、安徽电视台《第一时间》栏目等媒体分别对安徽省打击"黑广播"等工作进行了深入报道。

十二、加强练兵，队伍素质进一步提高

一是组织开展了全省无线电管理行政执法、新业务，及检测新装备、监测新技术、数据分析处理等 5 次业务技术培训，培训课程精心挑选，内容紧

贴工作实际，培训收到良好效果。二是举办 2016 全省无线电管理技术演练，设置无线电理论知识考试、信号分析核查定位、设备检测 3 个比赛科目，是安徽省近年来综合性最强的一次无线电管理技术演练。

第五节　福　建　省

一、开展频谱使用评估专项活动，挖掘频谱资源潜力

作为 2016 年国家部署的全国性重点工作，以公众移动通信和卫星通信为重点，综合运用固定监测、移动监测、现场测试等方式，全省动用各类无线电监测站 83 座、监测车 9 部，累计监测时长超过 1.5 万小时，采集监测数据超过 7000 GB 容量，梳理移动通信基站数据超过 27 万条、卫星地球站数据 243 条，从时域、频域、空域等维度，全面评估了公众移动通信和卫星通信频谱使用情况，进一步挖掘了频谱资源使用潜力，为以 5G 为代表的下一代移动通信技术及产业发展，划分适合的频谱资源做了前期准备。主要工作有：

一是精心组织，制定出台了《福建省频谱使用评估专项活动实施方案》，对各具体工作进行细化和分工，明确工作要求和时间节点，保障了专项活动顺利推进；二是现场核实了中国卫星通信集团、亚洲卫星通信公司、亚太卫星通信公司等卫星通信运营商所属福建境内卫星地球站主要工作参数，准确掌握了频谱数据；三是优化升级了技术软件，研究攻克了海量监测数据挖掘分析等一系列技术难题，增强了技术支撑手段；四是研究确定了固定监测覆盖区域和移动监测行进线路，科学制定了监测数据采集方案，完成了全省县及县以上城区 95% 区域的频谱数据采集和分析，超额完成国家要求。

二、打击电信网络新型违法犯罪，维护国家安全和社会稳定

根据中央领导对打击"伪基站""黑广播"的重要批示和工信部部署，福建省无线电管理积极配合公安、广电等部门查获"伪基站"57 台，"黑广播"23 台，协助公安部门鉴定"伪基站"设备 130 部，打击专项工作取得了

阶段成效。主要工作有：

一是出台了《省经信委打击治理电信网络新型违法犯罪专项行动工作方案》和《省经信委配合公安等部门开展打击治理"黑广播"违法犯罪专项行动工作方案》，明确各部门工作任务和职责，保障了全省打击专项工作顺利推进；二是完善与公安、广电、电信运营商等部门联合工作模式，形成了多部门合作打击电信网络新型违法犯罪的态势，并积极推动建立联合打击工作长效机制，实现打击工作常态化；三是重拳打击"伪基站""黑广播"制售窝点，会同工商、质监等部门开展无线电发射设备市场专项监督检查，严厉打击非法生产、销售无线电设备行为，阻断违法犯罪源头；四是联合新闻媒体单位举办宣传活动，走近社区民众，发动群众拓宽投诉渠道，提升社会法制意识。

三、保障无线电安全，维护电波秩序

保障 G20 杭州峰会无线电安全。全省共投入保障人员 127 人，各类无线电监测站 123 座，专业技术车辆 27 部，技术设备 45 台套，构筑了安全的闽浙电波屏障。一是重点加强了闽浙交界地区无线电执法检查，组织清理了省际边界非法设台，开展无线电监听监测，排查可疑信号，建立"温宁"无线电干扰协查机制，及时查处无线电干扰，为 G20 杭州峰会维护良好的空中电波秩序；二是按照国家要求，抽调全省技术骨干组建了 G20 无线电应急机动队，并组织开展无线电安全保障技术演练，为随时赴浙江协助开展无线电安全保障工作做了充分准备。

保障航空安全。全年共查处各类航空无线电干扰 15 起，消除了航空通信干扰和隐患，保障了航空安全。一是继续深化与民航、驻闽部队等建立的驻机场无线电台站管理制度和干扰查处联络员制度，协同排查航空无线电干扰，形成保障航空无线电安全齐抓共管的工作合力；二是制定了《三明沙县机场电磁环境保护管理规定》，会同民航部门划定了三明沙县机场民用航空无线电台（站）电磁保护区域和飞行区电磁环境保护区域，加强了机场及周边电磁环境保护。

保障高铁安全。全年共查处了涉及合福、昌福、杭深高铁无线电干扰 4

起，保障了高铁动车运行安全。一是责令电信运营企业改造高铁沿线移动通信网络，消除危及高铁安全运行的干扰隐患；二是指导南昌铁路局（福建段）优化列车控制调度通信网络，提高自身抗干扰能力；三是进一步规范铁路无线电干扰投诉、受理和排查程序，建立了干扰排查会商制度，提高了应急处置效率。

防范打击考试无线电作弊。全年组织完成各类国家和省重点考试无线电保障 12 场，派出技术和执法人员 197 人次，监测车辆 46 台次，启用设备 134 台（套）次，发现作弊信号 8 起，实施无线电阻断 4 起，查处作弊案件 1 起，并借助新闻媒体扩大影响，有力震慑和打击了违法分子，维护了社会公平公正，得到社会各界一致认可。

四、贴近党委政府中心工作，助力经济社会发展

促进产业发展。根据福建省对讲机产销量占全国 70% 以上的产业结构特点，抓住国家"模拟转数字"政策契机，大力扶持数字对讲机、数字专网等移动通信产业发展。一是在福建省成功研发国内首个数字对讲机芯片的基础上，成功推动福建省企业起草的数字对讲机标准成为行业标准，打破国外核心技术垄断，把握福建省在数字对讲机产业的主导权；二是会同福建省骨干企业先行先试，建成了福建省无线电应急数字通信调度专用示范网，支持具有自主知识产权的数字对讲机及数字专网系统市场拓展；三是升级了无线电设备检测实验室和电磁兼容分析室，建设了数字对讲机及基站、4G 通信基站、微功率无线电发射设备等检测平台，提升了服务产业发展的能力。全年共完成 208 台套无线电发射设备型号核准检测，13 个数字对讲机型号核准，119 个型号无线电发射设备初审转报国家。

支撑信息化建设。一是服务全省智慧城市建设，厦门局、宁德局开展了电磁环境治理和基站设置协调，为智慧城市网络平台提供了更广、更优的无线宽带传输和覆盖；二是协调、查处了泉州、龙岩等地不同制式通信网对 4G 网络的干扰，保障了 4G 网络通信质量，加快了 4G 宽带网络建设进程；三是协调工信部为省政府办公厅建设全省无线宽带应急专网、电业部门建设电力调度宽带专网提供频率支持，有力推进了政务和行业信息化；四是牵头编制

城市移动通信专项规划，南平局编制的《武夷新区通信工程专项规划》、漳州局编制的《漳州市城区公众移动通信基站站址专项规划》分别获当地政府批复实施，实现了通信基站与市级审批新建项目的"同步设计"，在减少重复建设、破解运营商建基站难等方面取得了突破。

服务重点工程。一是优化频谱资源配置，为高铁、机场、港口、石化等省重点项目建设提供无线电频率支持。在深入调研基础上，对拟建福州地铁6号线的无线控制系统使用频率和技术体制存在安全隐患问题，及时提出了工作建议；二是积极协助机场建设，三明局为沙县机场雷达和导航台建设、莆田局为莆田机场选址提供了准确的电磁环境数据，为大型基础设施建设提供技术参考。

推进对外交流。一是首次成功向国际电信联盟（ITU）注册登记了卫星地球站，为福建省重要无线电台站争取了免受域外国家和地区干扰的国际权利；二是妥善处理了工信部转来欧洲空间局投诉其土壤湿度与海水盐度卫星受福建省干扰案件，维护了国际形象；三是依托国家在福建省设立的"海峡两岸无线电工作委员会"，以民间渠道开展对台交流。在福州市举办了闽台无线电管理交流活动，与台湾业者研讨了两岸频率应用现状、无线电干扰协调等议题，交换了进一步推进两岸无线电协作的意见，并达成多项共识。

五、夯实无线电管理基础，提升服务能力

推进依法行政。一是完成了无线电管理行政和执法职权梳理，保留了6项行政审批类事项、2项公共服务类事项、1项其他管理类事项、34项行政处罚职权、4项行政强制职权、1项行政征收职权，明确了行政和执法职责权限，推进了无线电管理依法行政工作；二是公布了行政许可、公共服务、一般管理、行政处罚、行政强制、行政监督检查等无线电管理权力清单、责任清单，并明确了追责情形，规范了行政行为；三是清理了前置审批项目、前置中介服务项目和收费审批事项，降低无线电行政审批门槛，减轻了服务对象负担；四是加快推进无线电管理行政审批"三集中"工作，进一步转变职能，规范权力运行，提高办事效率；五是梳理了无线电行政网上办事行政审批和公共服务事项，简化了申请材料，优化了审批流程，为服务对象提供更

加准确、便捷的服务。

编制发布五年发展规划。根据国家颁布的《国家无线电管理规划（2016—2020年）》和《省级无线电技术设施建设指导意见》，在全面总结全省"十二五"规划执行情况和面临的突出问题的基础上，围绕无线电管理中心工作，结合福建省邻近台湾地区、水上业务多、军地协作任务重的特点，以强基础、补短板、上台阶为目标，编制并发布了《福建省无线电管理规划（2016—2020年）》，提出了未来五年福建省无线电管理十二项主要任务和六大领域重点建设项目，为今后福建省无线电事业发展规划了宏伟蓝图。

强化频率台站管理。截至2016年年底，全省无线电台站已超过31万个，无线电台站数量和分布密度居全国前列。一是全面深化无线电台站规范化管理工作，组织开展了全省移动通信基站地理坐标等重要数据的验证核实，夯实了无线电管理基础；二是进一步优化了公众移动通信基站管理，完成了两宗省政府督办的关于加快福建省信息通信产业发展意见的工作，服务了信息通信产业发展；三是联合渔业部门，实现全省八千多艘渔业船舶电台的有效管理，规范了海上无线电通信规则，保障了海洋渔业生产和海上交通安全；四是落实《福建省实施〈业余电台管理办法〉意见》，把业余无线电培训和考核工作委托给省无线电管理协会，逐步建成业余无线电服务体系；五是进一步简政放权，实现了全省99%以上无线电台站属地化管理，提高了管理效率和服务质量，便利了服务对象。

深化许可后监督检查。一是联合省市执法力量，以卫星地球站、铁路沿线公众通信基站、机场和港口周边无线电台站为重点，深入开展许可后监督检查，实地核查了电信企业、气象、证券等部门的各类无线电台站，对发现的违规行为，责令其限期整改；二是开展"双随机"抽查工作，全省随机抽取20名执法人员和28家设台单位开展无线电执法检查，严肃查处了违反无线电法规等不法行为，提高了无线电管理有效性和权威性。

增强技术监管手段。一是继续加大无线电管理技术设施建设，建成了以省级监测指挥控制中心、9个设区市级指挥控制分中心、32座大型无线电监测站、174座小型无线电监测站、1辆无线电监测指挥车、14辆无线电监测车、10套可搬移监测站及30套便携式监测设备组成的福建省无线电监测网，基本具备了对全省主要区域20—3000MHz频段无线电监测的手段；二是升级了无线电设备检测实验室和电磁兼容分析室,完善了无线电检测实验室体系,通过了省质监局组织的认定(计量认证)监督评审,提升了无线电设备检测能力;三是升级了福建省频率台站综合管理系统,建设福建省电磁兼容分析实验室,提升无线电管理决策科学化水平;四是组织并指导各地市对即将报废监测车上的监测测向设备实施技术改造,大部分设备迁移至监测固定站使用,继续发挥技术装备的价值和性能。

提高队伍业务水平。一是组织开展了全省无线电技术演练,演练了无线电信号监测与分析、信号源徒步查找等科目,全面锻炼了队伍技术和业务能力;二是举办各类无线电管理新业务、新技术培训,邀请国内资深专家前来授课交流、操作演练,提高了全省队伍技术业务水平;三是按照国家要求,参与"国际电信联盟 5B 工作组"和"2019 年世界无线电通信大会"5 项议题的研究工作,提交了初步研究成果,为我国在国际上争取更大利益提供了基础参考和意见建议;四是借脑借力,福州局、漳州局组织无线电业余爱好者参与重大活动和考试无线电安全保障工作,部分缓解了工作任务不断增加与人员不足的矛盾。

重视无线电宣传工作。一是根据国家要求,在前些年已设立省无线电宣传工作站的基础上,整合资源在全省九个设区市建立了无线电宣传工作分站;二是改进无线电宣传方式方法,利用网站、微博、微信等新媒体进一步扩大宣传效果;三是围绕新《刑法》第 288 条"干扰无线电通讯秩序罪"的条文及释义,在福建东南网开展有奖知识竞答,有超过 36 万群众参与,提高了无线电法律社会影响。

第六节 江 西 省

一、做好频谱评估圆满完成国家专项任务

国家无线电办公室部署开展频谱评估专项活动之后,江西省高度重视、周密部署,把频谱评估专项活动作为 2016 年的一项重要工作来抓,严格按照

国家无线电办公室《关于开展全国无线电频谱评估使用专项活动的通知》的时间、步骤、内容要求，认真细致地组织了各阶段工作，抓好贯彻落实。2016年4月下旬，江西省无线电办公室制定并印发了专项活动实施方案，成立领导小组及办公室。6月初，在南昌市组织召开了专项活动部署及设备使用培训，6月下旬分别在南昌、新余和景德镇市进行了路测试点工作。7月中旬至9月中旬，对100个县（区、市）进行了移动路测工作，利用72个固定（小型）站进行监测数据采集，移动测试覆盖县城2车道以上路段，路测行程共11029公里。同时，实地核查卫星地球站115个，对全省公众移动通信频率和700MHz频段做了重点评估，其中省会城市进行了30MHz—18GHz全频段数据采集，各设区市还对当地调频广播、民航频率、1.4GHz、1.8GHz等频段作了评估分析，频谱数据采集工作测试时段涵盖工作日和非工作日的闲、忙时，同步测试了基站扇区数据，并与运营商报送资料进行比对，数据样本全面丰富。经过整理分析，结合江西省无线电管理工作的实际情况，省无线电办公室组织编写了全省无线电频谱使用评估报告，报告准确反映了江西省公众移动通信、700MHz广播频段的使用情况，圆满完成了国家部署的评估任务。

二、加强频率台站管理促进经济社会发展

在做好频谱使用评估工作的同时，江西省以频率台站管理工作为抓手，充分发挥无线电管理服务经济建设的功能，推进省内重大工程项目建设。在南昌市地铁工程建设项目中，为满足南昌地铁轨道公司建设800MHz无线通信网络的需求，省无线电办公室组织地铁公司和相关技术人员先后赴合肥、青岛等地调研工程建设情况，并积极协助向国家申请追加7对频率用于支持地铁建设，保障了重点工程的频率需求。在业余无线电台管理工作中，加强对爱好者的服务工作，指导省无线电通讯信息服务中心开展考试验证，组织了两次全省集中考试，考试结果公平公正，并接受爱好者的监督，取得了良好成效。一年来，各级无线电管理机构受理行政许可申请152起，指配频率160个，审指台站17527台部，收回频率29个，撤销台站2601台部。

党的十八大提出要转变监管理念，明确监管职责，创新监管方式，江西

省各级无线电管理机构积极行动，转变工作方式。省无线电办公室派员深入省内无线电发射设备生产厂商和设台站单位。先后赴吉安市精程仪表科技有限公司、上饶市电力公司等单位进行调研，对企业提出的无线电发射设备型号核准和 1.8GHz 频率使用需求进行实地核查以现场办公。2016 年 11 月江西丰城电厂三期项目发生重大安全生产事故后，省无线电办公室派员陪同委领导赴各市开展生产安全大检查，在排查生产安全隐患的同时推动各工业园区提高无线电安全意识。

截至目前，全省共拥有各类无线电台站总数达 3365 万台部。其中，公众移动电话 3350 余万部，广播电视台 323 个，数传电台 283 部，短波电台 20 部，超短波电台 25086 部，船舶电台 46 部，蜂窝无线电通信基站 126250 个，卫星地球站 149 个，微波站 353 个，业余电台 619 部。

三、加大执法力度打击利用无线电违法行为

2016 年以来，江西省加大对非法用频非法设台行为查处打击力度。一是开展了打击整治非法生产销售和使用信号屏蔽设备违法行为专项行动。7 月至 9 月，全省共登记信号屏蔽设备 17169 台，实地核查信号屏蔽设备使用单位 190 家，查处非法使用信号屏蔽设备案例 37 起，查获设备 148 台套。确保了军事单位、高铁、机场等重点敏感部位的用频安全；二是开展了打击治理"黑广播"违法犯罪专项行动。先后查处"黑广播"案件 63 起，查获设备 57 台套，涉案人员 3 人，有力维护了空中电波秩序和航空通信秩序；三是着力打击了"伪基站"等非法台站的违法行为。与公安等相关部门建立了打击"伪基站"长效机制，全年查获"伪基站"20 起，涉案人员 10 人；查处手机诈骗、卫星电视干扰器等非法设台 48 起，设备 54 台套。

四、顺利完成各类考试无线电安全保障工作

2016 年，为防范和打击利用无线电设备进行考试作弊，针对当前无线电数传信号发射时间短、监测压制难的问题，支持九江 713 厂研究生产了监测管制系统 TST－303，加强了同步监测、同步压制功能，对监测到的作弊信号可实施删除或发出警告，在 2016 年的多次考试保障实践中发挥了重要作用。

全年共保障了高考、司法考试、建造师考试、医师资格考试、会计专业技术资格考试等各类考试 25 场次，出动保障人员 1286 人次，考点 734 个，考场 36571 个，捕获作弊使用频率 177 个，技术压制可疑信号 177 起，查获考试作弊案件 56 起，涉案人 10 人，查获作弊设备 62 台套，特别是高考保障，全省无线电管理人员全力以赴，扎实工作，确保了高考期间的无线电安全，得到了省领导的充分肯定。

五、加强重大活动保障做好无线电干扰排查

2016 年 9 月，G20 杭州峰会期间，按照国家无线电管理局统一部署，江西省认真组织、严格落实，成立了 G20 杭州峰会无线电安全保障工作领导小组和无线电应急分队，制定了 G20 杭州峰会无线电保障工作方案，发布了峰会期间加强业余无线电台管理的通告，启动 24 小时领导带班监测制度并主动走访广电、铁路、民航等部门，形成联动机制，同时指导南昌、鹰潭、景德镇、上饶、九江市无管局启动 7 个固定站、36 个小型站对广播电视、航空导航、铁路列调等重要通信业务频段监测，重点加强对机场、航路、高铁等重要区域的保护性监测，特别加强对"黑广播"等非法台站的监测查处，累计监测 1263 余小时；并按照国家无线电管理局要求，派队赴浙江金华市协助保障工作，分别对金华市区、兰溪、永康、义乌机场、金华电视台等县区和重要部门开展保护性监测，保障分队总计行程 1300 多公里，监测时长 42 小时，保存频谱图 30 余份，圆满完成了 G20 杭州峰会保障工作。全国综治"南昌会议"期间成功查获"伪基站"案件 1 起。全省各级无线电管理机构还加强了各类无线电干扰排查工作，2016 年，全省共保障各类重大活动无线电安全 72 场次，开展电磁环境测试 457 次，排查各类无线电干扰 128 起（其中部队 1 起，民航 19 起，铁路 11 起，公众移动通信干扰 68 起，卫星电视干扰 4 起，其他干扰 25 起），特别是较好地协调解决了庐山 701 台对军用机场军用频率的干扰，受到部队的好评。

六、深入开展宣传不断扩大无线电管理影响

按照《全国无线电管理宣传纲要（2016—2020 年）》要求，江西省组织

各级无线电管理机构制定了 2016 年度无线电管理宣传工作方案，结合"2·13"世界无线电日、"5·17"世界电信日和 9 月的无线电管理宣传月活动，面向社会不同群体，重点组织开展了无线电宣传活动。在省级报刊《经济晚报》上设置了宣传专版，以半月刊的形式通过主题宣传扩大无线电管理工作在全省各级党政领导、企事业单位中的影响力。全省各级无线电管理机构发挥主观能动性，积极编写宣传稿件，报送无线电管理工作信息，在工信部无线电管理局通报的投稿排名中名列全国第六。一年来，全省开展现场宣传活动 185 场次，举办了 3 场户外宣传晚会；在全省 110 个市（县、区）政府机关大楼设置了宣传点，在省、市、县电视宣传 149 次，广播宣传 259 次；在省级报刊发表宣传文章 59 篇；全省共制作宣传展板（易拉宝）367 块，宣传手册 10 万余份，各类宣传品 10000 余件；活动期间接待群众来访 8661 人次；发送宣传短信 300 余万条。

七、强化专项经费监管推进基础设施建设

根据财政部和工信部发布的《无线电频率占用费管理办法》，2016 年，江西省加强了对中央转移支付无线电频率占用费资金的监管。一是启动了专项资金执行进度季报工作。按照国家无线电办公室的要求，分季度汇总统计了专项资金执行进度，及时将掌握的情况上报国家；二是开展了无线电专项资金使用情况通报。为督促各相关单位按计划推进预算执行工作，下半年，江西省通报了各单位专项资金使用情况，指出了预算执行中存在的问题，明确要求各单位提高工作效率，严格执行预算安排；三是协助省无线电监测站向财政厅申请解冻了 2519.83 万元监测技术设备建设工程款，确保了技术设施建设顺利进行。2016 年，江西省技术设施建设已完成无线电智能监测管理系统、无线电压制系统升级、基站检测设备、民航无线电监测系统、高铁沿线无线电监测小型站、无线电监测小型站、移动监测测向系统、短波逼近天线、便携微波测试系统、隐蔽式测向及"伪基站"查找系统、九江智能感知网、非法中继管制系统共 11 个建设项目。基础设施建设方面，上饶、鹰潭市无线电监测控制中心建设已经完成主体工程招投标工作，即将破土动工；新余市无线电监测控制中心主体工程和内外装修已经完工，工程已进入最后的

扫尾阶段。9 月下旬，江西省启动了 2016 年无线电管理系统固定资产登记工作，核实账面资产约 3.23 亿元，进一步对于专项资金转化而成的固定资产进行了强化管理。

八、做好业务培训组织开展监测技术竞赛

2016 年，江西省在行政许可、行政执法、无线电监测和台站数据库建设方面进行多批次培训，结合频谱评估工作的需求，组织了专业技术人员的专项业务培训和工作交流，不断提升工作人员的业务知识水平和监测设备操作技能。11 月上旬，在新余市举行了全省无线电监测技术培训演练竞赛。此次比赛全省共派出 11 个代表队，近 40 名无线电业务能手参加，共同角逐"黑广播"信号查找、徒步信号源查找、技术论文撰写等三个项目的比赛，在比赛规则、赛程安排、赛场应急处置、信号源设置等多方面进行了针对性、科学性布置和安排，通过此次比赛的举办，进一步提高全省无线电监测技术人员的技战术水平，增强实战能力，提升保障重大活动和处置无线电突发事件的能力。监测竞赛活动得到了省工信委领导的高度重视，对竞赛活动的举办给予了高度评价。

第八章 华中地区

本章主要对华中地区河南省、湖南省2016年无线电管理工作进行了梳理和总结。2016年，河南省、湖南省无线电管理机构按照工作职责要求，积极推动"十三五"无线电管理规划编制，同时做好无线电频谱规划、无线电频率评估和台站管理，严厉打击"伪基站"和"黑广播"等非法设台工作，维护空中电波秩序，圆满完成各项工作任务。

第一节 河南省

2016年，河南省无线电管理认真履行无线电管理职责，依法加强无线电频率评估和台站管理，严厉打击"伪基站"和"黑广播"等非法设台行为，较好地维护了空中电波秩序，圆满完成了工作任务。

一、科学推动无线电管理"十三五"规划编制工作

为做好河南无线电管理"十三五"规划的编制工作，提高"十三五"规划技术设施建设的科学性和可操作性。按照有关工作要求，河南省无线电管理召集机构召集各地市无线电管理局，省监测站，国家备份中心等单位的负责人和相关技术人员召开了"十三五"规划技术设施建设研讨会。研讨会全面总结了"十二五"期间河南省无线电管理的发展和进步，客观分析了河南省面临的现状和困难，听取了各地市的意见和建议，为下一步"十三五"规划的制定奠定了坚实的基础。

二、全面开展"频率使用情况评估"专项活动

根据 2016 年国家专项活动总体要求，在驻马店地区开展了专项活动路测工作。主要测试频段为现有公众移动通信业务频率范围，测试区域需覆盖建成区主次干道、城市快速路（测试速度：30 公里/小时），地理网格为 1 平方公里内。在总结这两个市的评估工作开展情况的基础上，对全省固定监测设施升级改造，使 18 个省辖市均具备符合国家要求的固定监测能力，以此对2015 年数据进行再次融合分析。现全省移动站、固定站的改造和软件升级、校准和测试比对工作已经完成，全面实现了监测数据要素化，监测系统自动化，监测网络一体化，决策支撑智能化。

三、组织开展清理"伪基站""黑广播"专项行政执法行动

进一步落实完善打击"伪基站""黑广播"联动工作机制，巩固 2015 年专项活动工作成果。在《大河报》等媒体刊登了开展专项活动的通告，对开展活动进行广泛宣传动员。省工信委及省辖市分别成立了专项工作领导小组，制定了实施方案。截至 11 月底，全省查获 532 起"伪基站""黑广播"案件，缴获设备数量 365 台套，出动监测车 1112 车次，动用监测定位设备数量 766台次，出动监测人员 1830 人次，配合公安机关，抓获犯罪嫌疑人 35 人，工作测试时长 19728 小时。检测各类"伪基站"设备 364 套，出具检测报告362 份。

四、认真做好航空专用频率保护工作

落实河南省航空无线电专用频率保护工作长效机制。一是加强协调沟通，及时召开航空频率保护工作协调会议，解决工作中遇到的问题。二是在周口航站、郑州机场增设了航空频率监测系统，实行 24 小时监控，及时掌握航空频率动态。三是针对郑州新郑国际机场调整机场电磁环境保护区域、洛阳北郊机场和南阳姜营机场电磁环境保护区域划设工作，研究上述民用机场电磁环境保护区域划设工作有关事宜。目前划设方案已达成一致，保护区划设方案正在与当地规划、土地等管理部门协调公示事宜。

五、加强重大活动及各类考试的无线电安全保障

（一）圆满完成重大活动和重大任务的无线电安全保障工作

截至 11 月底全省累计完成 2016 年祭祖大典、中国郑开国际马拉松赛、洛阳牡丹文化节、2016 年中国（河南）非公有制经济发展论坛、第五届中国（郑州）产业转移系列对接活动等重大任务无线电安全保障工作 16 次，共出动人员 332 人次、车辆 90 台次、设备 201 台套。全省无线电系统遵照工作指示和要求，克服了一系列困难，净化了电磁环境，较好地维护了空中电波秩序，圆满完成了安全保障任务。

（二）做好重大考试无线电安全保障

配合考试管理部门开展了高考、研究生考试、公务员考试等考试期间无线电安全保障工作，有力地防范和打击了利用无线电设备作弊行为的发生。2016 年全省共出动保障人员 2246 人次，车辆 653 台次，启用技术设备 726 台套，监测发现作弊信号 116 起，查处 98 起，干扰压制异常信号 107 个，配合公安部门查处涉案人员 132 人，查获涉案无线电相关设备 311 套。

（三）保障维稳、防汛、防灾、应急等工作

严格落实工作要求，制定了各类无线电安全应急预案。在春节、全国和省两会等期间，加强对航空导航、公众无线电通信、广播电视等重要频率的监测，确保重大节日期间无线电安全。同时做好地质灾害防治以及减灾防灾的无线电安全保障工作，在全省重要区域实行 24 小时不间断监测，确保无线电安全。

六、推动无线电管理各项基础工作的开展

一是认真做好无线电监测和频谱监测月报工作。建立并落实规范化的日常监测、应急机动监测和重点频段监听监测机制；进一步健全监测月报工作流程、月报相关文件分类存档、监测月报值班等工作制度。二是加强频率台站管理。组织开展无线电台站年审工作；继续开展全省无线电台站数据清理登记收尾工作；积极落实国家和省政府对建设 4G 移动通信的批示，认真做好

清理频率和频率协调；及时查处无线电干扰案件。

第二节 湖 南 省

2016年是"十三五"开局之年，湖南无线电管理工作按照"三管理、三服务、一突出"的总体要求，锐意改革创新，努力服务大局，较好完成了全年各项工作任务。

一、描绘发展蓝图，做好"十三五"规划工作

为谋划未来5年的发展，2015年5月启动了《湖南省无线电管理"十三五"规划》（以下简称《规划》）的编制工作。随后开展了调研和"十二五"规划总结评估，引入中南大学信息学院承担了《规划》相关课题研究。2016年3月，《规划》形成初稿，先后征求了市州无线电管理机构和省无线电管理委员会成员单位的意见。4月《规划》通过专家评审。7月在省经信委内部征求意见。7月底，省经信委审议通过《规划》。8月省政府办公厅及分管领导批示同意《规划》。9月省经信委发布《规划》并在省政府法制办备案登记。《规划》提出了"十三五"湖南无线电管理6大任务、6大措施和40个技术设施建设项目，对做好"十三五"全无线电管理工作具有重要的指导意义。为推进《规划》顺利实施，11月举办了宣贯培训班。

二、推进依法行政，保护民航通信安全

（一）开展立法工作

湖南省高度重视民航电磁环境保护工作，从2015年起启动《湖南省民用机场及民用航空无线电台（站）电磁环境保护区管理规定》（以下简称《规定》）立法工作。经过多轮征求意见，《规定》得到不断修改完善。2016年5月，省经信委会同民航湖南监管局召开了《规定》听证会；8月，省政府常务会审议通过《规定》；9月，省经信委和民航湖南安监局联合发布《规定》。《规定》明确了有关主体各自的职责，规范了湖南省民用机场及民用航空无线

电台（站）电磁环境保护区的划定、保护和管理。《规定》将对维护湖南省民用机场及民用航空无线电台（站）电磁环境，保证民用航空无线电专用频率的正常使用和飞行安全，进一步维护公众利益起到非常重要的作用。11月，省经信委联合民航湖南安全监督管理局召开了《规定》宣贯会。

（二）规范行政执法

印发《关于进一步明确全省无线电管理行政执法有关问题的通知》，进一步明确市州无线电管理机构的管理权限以及具体行政执法问题，并与市州签署无线电管理行政执法委托协议书。召开行政执法有关程序文书格式征求意见座谈会，印发《湖南省无线电管理行政执法主要文书格式范本》，规范执法文书。协调省政府法制办，组织举办全省行政执法培训班，完成全省无线电管理系统执法证换证考试。

（三）做好宣传工作

印发《湖南无线电管理》，向上级领导、省无委成员、设台单位、相关无线电管理机构、有关媒体报送。做好"湖南无线电管理"门户网站宣传工作，做好信息报送工作，建立完善信息报送激励机制。安排部署开展"2·13"世界无线电日宣传及9月无线电管理宣传月工作，在《湖南日报》和湖南经视等主要电视媒体开展宣传。各市州开展了户外现场等各种形式的宣传活动。全省还启动了国家《无线电管理条例》修订版的宣传活动。推进科普教育基地建设，9月批复了邵阳市无线电科普教育基地建设方案，目前正在实施项目建设。

三、服务设台用户，加强频率台站管理

（一）开展频谱使用评估专项活动

按照国家统一部署，5月印发了《专项活动实施方案》明确工作目标，成立了领导机构，布置了测试任务，落实了责任分工和时间安排，提出了相关要求。6月，组织对频谱使用评估专项活动移动监测车进行技术升级，7月举办专项活动培训班，对全省频谱使用评估工作进行了具体部署，启动路测数据采集工作，至9月初完成。随后对测试数据进行认真分析处理，完成

《湖南省公众移动通信频谱使用评估报告》。于10月部无管局按时上报测试数据。通过此次专项活动，较为全面掌握了全省公众移动通信频谱资源使用情况，为未来频谱评估工作的开展奠定了良好的基础。

（二）加强频谱台站管理

科学配置与合理利用无线电频率资源，统筹保障各行各业用频需求。完成广州铁路（集团）公司株洲车站等重点频率的审批，完成湖南银通科技等公司设备型号核准工作初审工作。推进1.4GHz/1.8GHz频段规划，2016年11月《湖南省1.4G频段宽带数字集群专网综合规划方案》（以下简称《规划方案》）获工信部审批通过。《规划方案》对湖南省1.4GHz频段宽带数字集群专网的频率管理、网络建设和运营有重要的指导意义。

（三）做好无线电台站和设备管理工作

规范通信运营商基站审批，加快基站执照办理进度。及时更新台站数据库，确保台站数据准确。安排部署无线电发射设备检测工作。市州无线电管理机构积极协调将通信运营商基站建设纳入城乡建设整体规划。长沙出台《长沙市移动通信基站及配套设施专项规划（2015—2020）》，将8916个存量站址以及3860个新建站址纳入市区整体规划。邵阳市制定《邵阳市城区移动通信基站布局专项规范（2015—2030）》和《邵阳市公众移动通信基站建设管理办法》。

（四）服务无线电相关产业发展

2016年11月，湖南省经信委联合长沙市政府主办了"湖南无线电公共技术服务对接会"。国家无线电监测中心检测中心在平台设立"湖南实验室"并授牌，全球最大的电子测量仪器仪表和解决方案供应商——是德科技公司在平台设立"联合开放实验室"并授牌。对接活动中，省无线电设备检测中心与国家无线电监测中心检测中心签署了合作协议；围绕深化产学研用新机制，湖南无线电公共技术服务平台与是德科技（中国）有限公司、湖南大学信息科学与工程学院等3家高校、北斗产业安全技术研究院等2家科研院所、省中小企业公共服务平台等8家单位签署了战略合作协议；围绕服务科技型企业创新创业，平台与威胜集团、三诺生物等8家重点服务企业签署了深化合作的服务协议。

（五）指导无线电协会工作

推进业余无线电台操作证考试常态化，共举行 7 期考试，其中 3 场考试走进校园，参加人员 1000 余人，考试合格人员 800 余人，参考人数及合格人数与上年同期相比有大幅提高。组织业余无线电爱好者队伍参加第一届 CRAC 无线电技术观摩交流大会暨业余无线电应急通信及无线电测向演练；组织业余无线电爱好者队伍参加了 2016 年湖南省无线电管理技术集训演练活动，取得良好成绩。

四、提升监管能力，维护空中电波秩序

（一）加快技术设施建设

抓好已实施技术设施建设项目的落实，做好督促、协调、验收等工作。2016 年完成"电波暗室和屏蔽室采购""平台大楼单一来源采购""平台测试系统一期""移动监测站升级改造"等项目招标。继续做好武广高铁 GSM – R 专用频率网格化监测系统项目建设，开展监测小站干扰处置能力验证现场测试工作。重点推进无线电公共技术服务平台项目建设，已完成平台大楼建设及装修装饰初步设计、平台附属设施用房采购、电波暗室和屏蔽室项目采购、测试系统一期实施方案初步设计等工作，预计 2017 年第一季度建成并投入试运行。

（二）开展打击"黑广播""伪基站"专项行动

2016 年成立湖南省打击治理"黑广播"和"伪基站"违法犯罪专项行动领导小组，印发专项行动工作方案。全年查处"黑广播"61 起，缴获设备 60 套，出动监测车数量 1106 台次，动用监测定位设备 2150 台次，出动监测人员 3063 人次，工作测试时长 12620 小时；查处"伪基站"25 起，缴获设备 25 套，出动监测车数量 685 车次，动用监测定位设备 1025 台次，出动监测人员 1891 人次，工作测试时长 4865 小时，鉴定设备 31 套，专项行动取得明显成效。

（三）做好重要时期和重要业务的无线电安全保障工作

落实重要时段 24 小时监测值班制度，防范非法无线活动。2016 年 1—11

月全省各级无线电管理机构累计监测 113667 小时。继续完善民航专用频率保护机制，一方面通过固定监测站对民航频率重点监测，另一方面利用移动监测站对民航机场、重要航路进行了野外定点监测，全年为民航部门排查无线电干扰 4 起。加强对铁路部门 GSM－R 频率的保护，继续做好武广高铁（湖南段）GSM－R 频率网格化实时监测系统试运行工作。

（四）规范无线电干扰查处程序，完善网上申诉处理平台

2016 年全省共受理无线电干扰申诉 82 起，发现异常信号 43 起，共组织无线电干扰排查 82 次，成功查明干扰源 57 起。其中排查公众通信网受干扰事件 23 起，排查广播电台、卫星电视受干扰事件 11 起，排查航空通信及导航受干扰事件 4 起，排查列车调度通信受干扰事件 2 起。2 月底，成功排查中国移动湖南公司擅自设置卫星地球站干扰中国卫通中星 6A 卫星影响国家应急通信业务案件，3 月初成功排查张家界某电信运营商基站及岳阳汨罗广电机构擅自架设微波链路干扰欧洲空间局土壤湿度与海水盐度卫星案件。

（五）积极配合相关部门做好重要考试的无线电巡考工作

全省各级无线电管理机构共派出人员 1642 人次参与了全国硕士研究生招生、全国高校招生、大学英语四六级、国家司法考试、公务员录用考试等重要考试的无线电巡考工作，启用技术设备 903 套次，工作时间 1737 小时，维护了考试的公平公正。

（六）做好重大活动无线电安全保障工作

长沙完成 7 月中国（长沙）世界名校赛艇挑战赛、11 月中国中部（湖南）农博会无线电通信保障任务。长沙无线电管理处对赛事期间使用的无线对讲机频点临时指配，并制定了无线电通信保障预案工作。协调通信运营商完成农博会场馆 3G、4G 信号全覆盖，指配了通信指挥使用频率，确保了通信畅通。常德为二广高速建设、柳叶湖国际马拉松赛等活动提供通信设备，指配临时频率，消除有害干扰，保障通信畅通。在柳叶湖国际马拉松赛期间，技术人员全程配合 CCTV－5 的技术人员，开展赛前电磁环境测试，得到组委会高度赞扬。

第九章 华南地区

本章主要对华南地区海南省、广西、广东省等省区 2016 年无线电管理工作进行了梳理和总结。华南地区各级无线电管理机构各项工作顺利推进，着力提升无线电管理服务水平，不断优化频率资源配置，持续加强无线电台站管理，突出做好无线电安全保障，不断提升服务经济社会发展、服务国防建设和服务党政机关的能力和水平。

第一节 海 南 省

2016 年，海南无线电管理局认真贯彻中央和省委省政府的决策部署，围绕海南国际旅游岛建设发展大局，全面履行无线电监管职责，优化审批服务，加强监督执法，保障应用安全，深化军民融合，落实党建责任，提升整体能力，较好地完成了全年目标任务。

一、优化管理和服务，促进无线电事业健康发展

深化无线电行政审批改革。最大限度精简无线电许可事项申报资料，取消 9 项证明材料。全面实行公众通信基站事后备案管理。按照让信息多跑路、百姓少跑腿的要求，通过专线实现电台执照审批窗口现场打印，提高审批效率。全年受理审批办件 238 件，100% 在规定时限内办结，其中当天办结件 235 件，占总办件 98.7%，实现审批零投诉。加强和规范事中事后监管。坚持放管结合，创新基站管理，加快推进公众通信基站在线监管。落实"双随机、一公开"监管制度，建立"一单、两库"，即无线电监管事项清单、监管对象名录库和执法检查人员名录库，制定随机抽查实施细则，落实"双随机"

抽查工作，推进无线电监督检查工作经常化、规范化。服务经济社会和改革发展。贯彻落实省政府开展的服务社会投资百日大行动，为重大项目业主提供用频保障和设台服务。完成博鳌机场扩建工程、海口美兰国际机场二期扩建、白沙通用航空机场电磁环境测试等工作。为北京信威公司建设无线政务专网、中海油东方化工建设数字集群系统等提供支持和服务。配合省政府开展海南省空域精细化管理改革试点，落实海南地区低空空域空管服务保障示范区建设涉及无线电监管有关工作。无线电事业持续健康发展。截至 11 月底，全省登记入库各类无线电台站 59541 台（不含手机终端），同比增长 29.8%。新增公众移动通信基站 13984 个，全省基站总数达 44542 个，同比增长 45.7%，手机终端 935.96 万部，普及率为 103.6%，位居全国前列。

二、精心组织，全力做好无线电安全保障

圆满完成"长七""长五"火箭首飞无线电安全保障工作。协同文昌航天发射中心开展 14 次全频段 24 小时不间断频谱监测工作，全面掌握重点区域电磁环境状况。组织开展军地联合保障演练，制定完善保障工作方案和应急处置预案。加强台站现场核查和军地协调，开展重点频段保护性监测，优化航天发射用频安全环境，圆满完成博鳌论坛年会、环岛自行车赛、国际帆船赛、国际马拉松赛等无线电安全保障工作。在总结历年经验基础上，根据新任务新要求，提前谋划，主动作为，积极落实各项举措，做足做细准备工作，协助工信部无线电管理局完成立陶宛、缅甸、印尼等国家元首代表团临时用频核准相关工作，协同公安、民航、铁路、运营商等部门和单位，加强频谱监测保护，化解临时用频矛盾，协调处理央视直播设备用频干扰，保证博鳌论坛年会和大型赛会期间，各类无线通信安全畅通，圆满完成年会和赛事无线电保障工作，荣获 2016 年环岛国际自行车赛"卓越贡献奖"。圆满完成各类考试无线电安全保障工作。创新考试保障工作思路，发挥市县工信部门的协管职能，有效缓解各类考试比较频繁、保障工作点多面广、人员力量相对薄弱的现实困难，取得较好效果。累计出动保障人员 202 人次、监测压制车 87 辆次、其他便携式设备 86 台（套），查获 1 起利用"黑广播"设备进行考试作弊案件，完成普通高考、公务员考试、司法考试等 13 次全国性考试

保障，有效防范和打击利用无线电设备进行考试作弊行为，为维护考试公平公正做出了积极贡献。

三、加强执法和宣传，有效维护电波秩序

合力打击电信网络新型违法犯罪行为。根据国家和地方打击"伪基站"的统一部署，联合公安机关、海南移动公司开展集中整治打击"伪基站"专项行动，在海口、三亚、琼海等地共查获案件5起，缴获设备6套。派出执法人员配合公安机关跨省区开展"伪基站"案件追踪侦查工作，抓捕犯罪嫌疑人1名。联合公安机关先后在儋州、海口等地端掉2个"黑广播"窝点，查获设备2套，有力震慑犯罪分子，维护网络安全和群众利益。快速查处无线电干扰，保障重点用频安全。查处民航、公安、铁路、电信运营商以及军队等单位频率干扰案例21起，保障重要设台用户用频安全。对1起非法占用频率案件，依法进行行政处罚。加强无线电管理宣传，营造良好监管环境。发挥市县工信部门的优势和媒体的创意，精心策划，上下联动，利用广播、电视、报刊、网络、短信等，广泛开展宣传，在世界无线电日、无线电管理宣传月等重点时段，集中开展进乡镇、进社区、进校园等形式多样、贴近群众的宣传活动。结合打击电信网络违法犯罪行动开展宣传。抓住党建示范点的有利条件，借党建工作向省委、市县有关领导宣传介绍无线电管理工作，扩大影响力，提升认知度。

四、开展无线电监测，加强频谱科学管理

认真开展频谱使用评估专项工作。贯彻落实国家无线电办公室关于《开展全国无线电频谱使用评估专项活动的通知》精神，制定工作方案，细化任务分工，组织动员，全面部署。对全省6个固定监测站和4辆移动监测车进行升级改造，安装符合数据采集要求的监测软件，加强技术人员培训，狠抓任务落实，加班加点，在规定时间内全面完成地球站实地核查、相关业务频段监测、数据采集、分析评估等工作。加强重点频段和重点区域监测。利用全省43个固定监测站对30—3000MHz进行全频段监测，编制月度监测统计分析报告。协助配合国家无线电监测中心、文昌航天发射中心、民航海南空管

分局、海南博鳌机场有限责任公司、海南省气象局、国家新闻出版广电总局海南监测台、海南白沙通用航空机场投资有限公司、民航数据通信有限责任公司等8家单位开展19次电磁环境测试工作，出具57份电磁环境监测报告。开展基站信号覆盖和通信质量测试。配合省政府大力推进信息基础设施建设、大幅提高通信质量和网络速度专项行动，开展公众移动通信信号覆盖测试，完成18个市县重点区域测试工作，依据测试评估结果，督促电信运营商不断优化网络覆盖，提升通信质量。开展边境电磁环境测试和台站国际申报工作。制定边境地区电磁环境测试方案并组织实施，建立边境电磁环境监测数据库。积极开展边境无线电台站国际申报登记工作，向工信部无线电管理局上报84个边境台站数据。

第二节 广西壮族自治区

2016年，广西无委在国家工信部无线电管理局的指导下，紧密围绕国家《2016年无线电管理工作要点》，结合广西实际，按照"三管理、三服务、一突出"的总体要求，着力提升无线电管理服务水平，不断优化频率资源配置，持续加强无线电台站管理，突出做好无线电安全保障，不断提升服务经济社会发展、服务国防建设和服务党政机关的能力和水平。

一、切实开展频谱使用评估专项活动

根据全国无线电频谱使用评估专项活动要求，结合广西无线电管理实际，制定翔实可行的工作方案，统筹部署，有力实施，投入固定监测站47个，占全区固定站数量的39%，监测总时长4332小时；投入监测车21辆，监测总时长507小时，监测总里程19227公里，监测区域达2188平方公里，覆盖广西建成区95%的面积，采集数据量达571G，按时按质完成了无线电频谱使用评估专项活动。

二、组织开展边境台站国际申报专项

以广西陆地边境城市为重点，采用抽测、现场核实及国际电联地面业务

专业软件填报的方式开展广西边境地区台站数据核查和更新。全区 2016 年共申报已设边境台站 3425 个、规划台站 15 个，已完成广西所需申报总量的 85%，超额完成国家下达的 2016 年工作任务。

三、做好"十三五"和专项规划

编制印发《广西壮族自治区无线电管理"十三五"规划》。推进重点频率规划研究等前瞻性工作。顺利完成《广西 1447—1467MHz 频段宽带数字集群专网系统频率分配和使用规划》、《广西 1785—1805MHz 频段无线接入系统频率分配和使用规划》《广西 370MHz 频段专用数字对讲机频率分配和使用规划编制方案》以及《1—30GHz 广西数字微波频率分配和使用规划编制方案》规划编制。

四、不断加强无线电台站管理

规范做好无线电管理行政许可。严把频率审批关，不断加快审批速度。全年完成行政审批事项 318 项，全部按时办结，未收到投诉。行政审批平均办结时限为 10 个工作日，比 20 个工作日的规定时限减少了 10 个工作日，大大提高了工作时效。规范业余无线电管理。组织业余电台操作证考试 19 次，282 名业余无线电爱好者参加考试，通过考试获得操作证 224 人，通过率为 79%；指配业余无线电台呼号 101 个，新增业余电台用户数 101 个，核发业余电台执照 110 本。切实履行台站属地化管理职责，实行台站数据定期报备和抽检制度，避免相互干扰。加强台站数据库建设。根据国家无线电管理"四库一化"建设要求，采用信息一体化手段，以规范化、一体化为原则，解决频谱、监测、台站、卫星等数据库之间的互联互通，不断完善数据库资源，改造升级台站数据库。

五、切实履行"电波卫士"职责

认真做好无线电日常监测，按时报送监测月报。组织做好 2016 年边境地区无线电监测。监测里程超过 700 公里，获取了一批最新、翔实的边境数据资料。组织开展春节、春运、全国两会、东盟博览会、国庆等重要节假日及重大活动无线电安全保障。重点对地面无线广播电视、民航等重点行业、频段和地区进行保护性监测。做好重大考试无线电安全保障工作。截至 11 月，共进行高考、公务员等各类重大考试保障 14 次，出动无线电保障人员 877 人次，出动监测车 326 台次，启用监测设备 501 台次，保障了考试的公平和公正。积极查处非法干扰。全年开展无线电干扰查处 56 起，有效保护无线电波秩序，维护合法用户利益。全力打击治理电信网络新型违法犯罪。充分发挥无线电监测技术优势，配合有关部门全力打击"伪基站""黑广播"。截至 11 月，查处"伪基站""黑广播"案件 81 起，出动人员 4638 人次、车辆 2672 台次，启用设备 1567 台套，配合累计监测时长超过 19230 小时。其中，查处"伪基站"案件 46 起，查获设备 46 台套，查获犯罪嫌疑人 46 人；查处"黑广播"违法犯罪案件 35 起，查获涉案设备 31 套，有效遏制此类违法犯罪发展蔓延势头。在查处"伪基""黑广播"工作中，有两个突出工作。一是对一起跨五个市流动的"伪基站"（发送反动政治内容）实施联合布控，进行无线电定位，为有关部门提供了精确的"伪基站"位置。二是及时查处一起涉外无线电"伪基站"干扰，查处结果及时上报工信部。

六、加强资金管理，推进项目落实

修订《广西壮族自治区工业和信息化委员会派出机构资金管理办法（暂行）》（桂工信〔2016〕830 号）等文件，进一步完善和强化资金管理，提高资金使用效益，切实加强频占费资金使用和固定资产统计管理工作。完成 2015 年广西无线电频占费资金支出绩效报告，评价资金使用情况，报国家无线电管理局。组织开展 2015 年无线电设备政府采购项目验收，完成了"广西无线电监测一体化平台硬件系统"等一批合同额达 6600 万元项目的验收及安装，验收项目 12 个，覆盖边境、海上、铁路、西江黄金水道等区域、业务，有效改善和提升管理能力。组织开展 2016 年 3 批、计划金额 6000 万元无线电设备采购。目前已进入招投标环节。依法完成 2015 年频占费收缴工作，实际征收 592 万元。

七、有序推进无线电频率协调

及时处理涉外干扰协调。一是开展中越边境公众移动通信基站监测，专题组织边境地区重要口岸、边贸点及边境线的无线电联合监测，获取了中越双方3600多个公众移动通信基站的位置、频率、业务信道等最新信息，报国家无线电管理局。二是迅速组织力量排查越南方反映在越南芒街（与广西东兴市相邻）GSM网络频率943.6MHz（43信道）受干扰问题。越方对问题得到中方快速解决和及时反馈表示满意。三是积极查处卫星测控频率受干扰事宜。四是对中越边境地区部分GSM网络干扰问题进行核查。统筹协调行业部门用频需求。加强公安、铁路、船舶等重点行业、重要部门频率指配、协调和监测，严格用频设台审批，调整不规范用频。

八、大力开展无线电宣传活动

组织举办无线电宣传月专场文艺演出，观众超过200人，举行问答互动60余次，发放材料100余份。文艺演出在电视台插播，收到了良好的宣传效果。全区开展无线电宣传月、无线电管理进社区、无线电科普进校园、青少年无线电测向锦标赛等主题活动6场，联合电视台、《南宁晚报》等媒体广泛宣传无线电管理知识，发放宣传资料6500份，发送宣传短信37万条。

九、加强技术培训和演练，提升无线电管理技术水平

2016年，组织开展了无线电管理新技术新业务管理、宣传、技术演练等培训5次，累计培训人数350人次。邀请工业和信息化部、自治区政府、设备生产厂家、科研院所等专家授课，着力提升本系统人员的无线电管理技术、宣传、写作等能力。

十、扎实做好基础工作，依法开展监督检查

按照国家和地方统一要求，对无线电管理"权力清单、责任清单"及"权力运行流程"等行政审批事项进行清理、整理，规范流程，明晰责任、权利、义务等，共整理无线电管理行政审批等事项57项。依法开展行政执法和监督检查。按照行政执法和监督检查计划，依据合理、公正、公开的指导思想和原则，对移动公司、大型超市、酒店、宾馆等部分设台单位开展了行政执法和监督检查。

第三节 广 东 省

2016 年全省无线电管理各项工作顺利推进，全年共办理网上办事大厅无线电管理行政审批办件 2846 件；全省无线电台站（不含公众移动通信基站）累计达 25 万座，公众移动通信基站累计达 37 万座，收集规范基站发射单元（RRU）数据达 108 万条；确认登记在册业余爱好者 4030 人，新指配业余无线电台呼号 969 个。全省各级无线电管理机构派出 4657 余人次依法开展各类执法监督检查活动，处理干扰案件 1244 起，其中涉及对港澳地区无线电干扰 15 起。

一、注重机制建设，确保打击治理"伪基站""黑广播"工作成效

1—11 月，全省配合公安等部门立案查处"伪基站"案件 111 起，缴获"伪基站"设备 108 套，检测鉴定"伪基站"设备 681 套；配合公安等部门立案查处"黑广播"违法犯罪案件 353 起，缴获"黑广播"设备 187 套，大大遏制了非法生产、销售和使用"伪基站""黑广播"的违法犯罪活动。一是按照国家打击治理电信网络新型违法犯罪部际联席会议部署和省领导批示精神，充分发挥省打击治理电信网络新型违法犯罪厅际联席会议的平台优势，协调省联席办发布了《广东省打击治理"黑广播""伪基站"等非法设台违法犯罪专项工作方案》，联合宣传、公检法、工商、质检、电信运营商等多部门于 7 月至 12 月开展集中打击行动，充分发挥各部门职责和分工，形成全链条打击态势。能够主动与省联席办进行专题座谈，与省公安厅治安局组成联合调研组，赴广东省"黑广播"高发地区广州、深圳、东莞等地调研，重点研究联合打击治理"黑广播"具体工作措施，完善打击治理"伪基站""黑广播"联合工作机制。二是与省新闻出版广电局共同制定《加大力度排查"黑广播"违法线索工作方案》，完善地市无线电管理机构和广电主管部门的协作机制，提高发现、监测、定位"黑广播"工作效率，配合公安机关加大打击"黑广播"违法犯罪窝点，有效遏制"黑广播"犯罪活动猖獗的态势，

保障重要业务无线电安全，提升人民群众的安全感和满意度。三是地市无线电管理机构联合当地公安等部门建立了联合工作机制，定期通报线索和工作进展，及时协调解决存在的问题，实现打击行动的高效化、常态化。广州市将"伪基站"警情纳入"110"重要警情事项，建立了反应迅速的"伪基站"处置机制。闽粤赣交界三市（广东梅州、江西赣州、福建龙岩）召开打击查处"黑广播""伪基站"协调会议，建立工作机制，切实形成打击治理工作合力。

二、注重数据挖掘，提升频谱评估对管理工作的支撑

广东省在重点完成国家规定的公众移动通信业务频谱评估工作基础上，同步对 1.8GHz 无线接入、广播电视、民航导航通信等业务进行数据采集和频谱使用评估。全省共投入 105 个固定监测站、27 辆监测车进行监测数据采集，测试时长 12384 小时，路测总里程达 45614 公里，采集总数据量为 752GB，监测区域占建成区面积覆盖率为 156%，圆满完成 2016 年频谱使用评估工作任务。一是补短板，全面提升频谱评估工作水平。在去年路测为主的基础上，2016 年大量启动固定监测站和移动监测站，实施全省联网数据采集。为了提高数据准确性和分析可靠性，有针对性地制定全省频谱评估工作方案，采购了通信基站解码专用设备和数据分析软件，组织各级无线电管理机构从时域、频域、空域三个维度，加强对相关频段频谱使用情况的评估。二是开展基站 CGI 码抽测评估，强化基站的事后监管。从基站监管需求出发，以基站 CGI 码为重点，组织运营商重新整理报送全省 108 万条基站 RRU 数据。以广州市为试点，采用路测方式对基站 CGI 码信息进行空中解码，对基站数据进行 CGI 码抽测核对。初步分析结果发现基站 CGI 码相符率仅为 50%，基站漏报率达 46%，对广州市公众移动基站数据进行全面核实，针对相关问题对运营商提出整改要求。三是加强频谱评估数据的分析挖掘，掌握频谱资源动态发展趋势。利用广东省频谱评估工作前期积累数据，开展公众移动通信业务历史数据与本次评估数据的深度分析挖掘，比对发现了 2G 制式 870—880MHz 移动通信频段的全省覆盖率明显下降，已规划但未分配的 2500—2555MHz 频率近期明显被占用等许多典型分析结果，为频谱资源动态管理提供有力的支撑。

三、以需求为导向，提高频谱资源使用效能

科学规划配置宽带无线专网频率，发挥频谱资源对各行业现代化管理的支撑作用。编制广东省 1.4GHz、1.8GHz 频段频率规划，着眼 1.8GHz 频率共享解决方案，以满足众多行业智能化应用的发展需求；以支持智慧城市建设为重点，探索 1.4GHz 无线共网建设模式，解决地方政府政务和重要行业对宽带无线数据传输的需求。聚焦国计民生，配置广州地铁、深圳地铁 1.8GHz LTE 专网使用频率，保障地铁安全运行。立足产业发展需要，为深圳光启低空悬浮平台、比亚迪单轨列车、海能达数字集群系统、珠海纳睿达公司等生产企业的技术研发试验提供频率资源。

四、以创新发展为驱动，促进台站精细化管理

建立台站信号特征数据库，创新台站监管手段。通过课题研究，对监测数据和台站数据融合分析，提取台站信号特征，初步建立了台站电子指纹档案系统。下一步将开发台站指纹的自动化比对核查功能，设置台站发射信号预警预报体系，及时掌握台站发射信号变化情况，尝试开展对广播、民航台站全生命周期监管。探索公众移动通信基站标准化管理。建成全省公众移动通信基站管理信息系统，统一基站设置许可裁量标准，规范基站审批流程，实现了基站全程标准化网上审批。运营商已通过该系统完成存量及新建约 37 万座基站（108 万个 RRU）和基站 CGI 码的申报工作，实现全省移动通信基站台站数据实时更新。

五、保障无线电安全，抗击新形势下"电子雾霾"

开展专项维稳保障任务，顺利完成无人机管控工作。根据维稳工作需要，广东省无线电管理机构全程参与了为期三个月的汕尾陆丰专项无线电安全保障工作。根据工作要求，无线电管理工作人员无法进入无人机控制现场，认真模拟现场环境，积极探索远距离无人机管控技术，最终圆满地完成了安全保障任务，得到省领导的充分认可。广东省还结合无人机管控工作经验，编写《无人机管控技术与应用》，及时为无线电管理部门加强重大活动无线电安全保障工作

提供理论和技术支撑。保障民航、水上等重要无线电业务安全。组织开展了2016年珠江口国家海上搜救演习无线电安全保障工作，妥善解决了水上频率（9信道）互扰、卫星传输数据掉包等问题，顺利完成了珠江口演习现场无线电保障工作，得到了交通运输部门的充分认可。圆满完成央视春晚广州分会场无线电安全保障工作，成功排查了 AsiaSat 4 卫星转发器受干扰事件。重点加强全省机场、航线等区域的固定、移动监测，及时处置民航干扰申述，重大节假日实施24小时值班制度，启动应急预案，全力保障民航、高铁等重要无线电业务安全。积极做好考试保障工作。针对考试作弊手段层出不穷的问题，积极探索建立新的管控手段，开展数字作弊信号管控研究和试验。全年配合考务主管部门，圆满地完成了各类重大考试的无线电安全保障任务30余起。全省共出动4946人次，车辆1595台次，启用技术设备2243台次，实施无线电技术阻断30起，配合查处作弊案件7起，有效防范和震慑企图利用无线电设备在考试中的作弊行为，为各类重要考试营造了公平、公正的良好氛围。

六、科学规划，实施无线电管理重大项目建设

制定广东省无线电管理"十三五"规划。重点衔接《国家无线电管理规划（2016—2020年)》《省级无线电管理"十三五"规划技术设施建设指导意见》的实施要求，结合广东省实际，修改完善并印发实施了《广东省无线电管理"十三五"规划》（以下简称《规划》）。《规划》坚持问题导向，科学设定了广东省无线电管理事业再上新台阶的新目标、新任务，重点突出了利用信息化手段全面提升广东省无线电管理综合能力的鲜明特点。建设专项资金管理系统。建成无线电管理专项资金管理信息系统，建立资金管理、项目管理、固定资产管理的体系架构，实现了建设项目库、资金使用、固定资产的网上管理，资金申报、分配公开透明，项目、资产管理准确规范，专项资金管理的科学决策水平明显提升。加强无线电管理设施建设。以珠三角智能化无线电监测网、无线电管理业务云平台、面向海洋的无线电安全保障平台等项目建设为主体，完成了全省无线电监测联网、18套旧移动监测站改造、广州市网格化无线电监测网等设施建设；开展省无线电管理综合业务云平台项目建设，编写项目可行性研究报告，完成项目招标工作；推进电磁频谱管控军民融合创新基地建设，基础设施建设顺利完成。推动技术设施标准体系

建设。加快无线电管理技术设施标准化进程，编制并实施监测网数据传输、监测数据库结构、监测节点功能指标和布局选址要求等技术规范（"四规范一方案"），确定了广东省无线电监测网传输协议、监测管理数据库结构、监测节点功能指标和布局选址要求等相关技术规范，编制全省无线电监测网的覆盖重点、网络规模和初步选点规划，提升无线电监测设施规范化管理水平。

七、以条例实施为契机，不断加大宣贯工作力度

迅速制定了宣贯工作方案，认真贯彻落实新修订的《中华人民共和国无线电管理条例》（以下简称《条例》）。一是采取报纸全文刊登条例、电视播放新闻短讯、制作公益宣传片等方式，加大对《条例》的宣传力度，提高公众的无线电管理法制观念和责任意识。二是组织一场全省《条例》宣贯培训，邀请专家专题讲座，对新修订《条例》进行系统解读，加深无线电管理从业人员对《条例》的理解，提升业务管理水平。三是根据《条例》确立的无线电领域重大制度改革，调整了广东省无线电管理权责清单事项目录。

八、积极参与工业物联网政策技术研究

联合省车联网产业联盟、省无线电协会等社会行业组织，开展车联网领域调研，探讨车联网无线电管理政策支撑建议，谋求推动车联网发展有效措施。支持举办"2016广东蜂窝物联网发展论坛"，探讨谋划当前NB–IoT，eMTC等关键技术研发应用带来的机遇与挑战，进一步推进无线蜂窝物联网的产业发展步伐。积极响应遥控玩具企业诉求，开展遥控玩具无线电技术指标修订的研究论证工作，支持广东省无线遥控玩具产业发展。

九、扎实做好粤港澳边境地区无线电频率协调

协助国家召开2016年内地与香港无线电业务频率协调会谈，总结了近2年来内地与香港无线电业务频率协调工作情况，协调内地与香港无线电新技术、新应用的无线电频率使用，促进内地与香港地区无线电业务的共同发展。受工业和信息化部无线电管理局委托，组织两次粤港广播电视频率专家协调会，协调省新闻出版广电局、中南民航管理局，解决香港广播业务用频需求。

第十章　西南地区

本章主要对西南地区重庆市、四川省、贵州省、云南省和西藏自治区2016年无线电管理工作进行了梳理和总结。2016年，西南地区无线电管理机构按照工作职责要求，做好频谱专项评估、频率台站管理、无线电监测、空中电波秩序维护和无线电安全保障等工作，圆满完成各项工作任务。

第一节　重　庆　市

2016年，重庆市无线电管理机构认真贯彻党的十八大及历届全会精神，按照"三管理、三服务、一重点"要求，开拓进取、干事创业，积极做好"十三五"开局之年各项工作，圆满完成2016年目标任务，为全市经济社会发展做出了积极贡献。

一、积极开展频谱使用评估专项活动

（一）精心谋划，认真做好相关准备工作

科学制定《2016年重庆市无线电频谱使用评估专项活动工作方案》，成立了由市经济信息委分管领导牵头，全市无线电管理机构、三大通信运营企业共同参与的专项活动领导小组。召开专项活动动员部署会，明确任务与职责。完成专项活动数据采集和频谱评估分析系统的政府采购招标工作，对现有技术设施进行必要的软硬件升级改造和全市海量监测数据采集和格式转换。

（二）圆满完成国家卫星地球站核查专项工作

制定《2016年重庆市无线电频谱使用评估专项活动卫星地球站信息核查上报工作方案》，并向全市无线电管理机构和相关设台单位下发通知，加强沟

通协调，实地核查每个卫星地球站发射参数，认真做好数据记录和整理工作，掌握卫星频谱资源在全市使用情况的第一手资料，圆满完成了卫星地球站核查工作。

（三）圆满完成频率评估数据采集基础工作

利用全市 20 余个固定重点监测站，完成了规定的 72 小时不间断基础数据采集。利用五辆移动监测车，对全市"建成区"主要道路频谱数据进行采集，并对周边通信基站下行信号进行采集和解调工作，总里程达 11500 公里，覆盖面积约 1400 平方公里（重庆市"建成区"约 1470 平方公里），覆盖率约95%，采集数据量达到 523GB。

二、科学规划和统筹配置无线电频谱资源

（一）率先推动无线电管理团体标准编制工作

编制并发布《重庆市无线电协会团体标准制修订暂行管理办法（试行）》《重庆市无线电协会团体标准制修订工作程序（试行）》。按照团标制定的程序要求，通过立项、起草、征求意见、审查等工作环节，制定出台了《重庆市无线电台（站）电磁环境测试报告编制指南》，成为国内无线电行业出台的第一个团体标准。

（二）统筹协调合理规划各行业频谱需求

启动 1.4GHz 频率规划编制，于 11 月中旬通过专家评审。同时保障重点行业和国家重大工程用频需求。一是继续大力支持重点项目建设和民航事业发展，为重庆江北国际机场第三跑道导航台站选址提供技术服务和指导。二是先后完成武隆仙女山机场、万州五桥机场、巫山神女峰机场等一系列新建、扩建工程中涉及无线电台站设置前置许可等意见回复。三是指导机场集团完善《1.8GHz TD‑LTE 宽带无线接入系统频率使用方案》，指导渝利铁路有限责任公司完善渝利铁路 GSM‑R 系统无线电台站验收工作手续。四是协调解决南涪铁路有限责任公司三南铁路电磁环境测试、中石油西南油气田分公司在川渝两地跨省建立 800MHz 数字集群通信系统相关问题。五是推动轨道集团CBTC 系统由 2.4GHz 公用频率向 1.8GHz 专用频率进行改造。

（三） 保障重大赛事活动和外国政要访华期间无线电用频需求

顺利完成"2016 年重庆国际马拉松赛""2016 年重庆国际女子半程马拉松赛"等重大赛事和新加坡总理、吉尔吉斯斯坦议长、蒙古议长访华来渝期间临时使用频率的监测、指配和保障工作。

（四） 推动开展无线电频谱新技术新业务实验

全力推动普天信息技术有限公司在重庆武隆地区开展基于离散窄带频谱的载波聚合无线接入技术实验；推动中国汽车工程研究院股份有限公司在5905—5925MHz 开展 LTE – V 技术试验，用于建立"智能汽车和智慧交通应用示范工程及产品工程化公共服务平台"。

三、做好无线电台站和设备管理工作

（一） 组织开展重点台站验收工作

对国网重庆电力公司 400MHz 无线接入系统台站进行现场测试集中验收；组织开展民航重庆空管分局无线电导航和甚高频通信台站、重庆机场集团无线电导航台站验收工作；完成长寿经济技术开发区应急管理中心等 7 家党政机关和企事业单位台站验收工作；启动民航和气象系统雷达台站数据完善和验收工作。

（二） 规范管理公众移动通信基站设台和验收工作

规范公众移动运营商设置、使用基站的行为，按照一定比例对通信基站进行抽测验收，全年共抽测 TD – LTE 基站 5460 个、CDMA2000 基站 2420 个、WCDMA 基站 2163 个。审批公众移动通信基站 19534 个（其中 TD – LTE 基站12751 个、GSM 基站 5615 个，TD – SCDMA 基站 1168 个）。

（三） 做好无线电台站设置行政许可

截至 2016 年 11 月底，共审批办理无线电行政许可 331 份，办理无线电台站执照 613 本。全市登记注册的无线电台站为 9.2 万余个。完成广电集团平顶山中波塔和渝北华地国际、香芷汀兰四期、碧津公园立体停车楼工程等项目建设并联审批 4 项。

（四）抓好业余无线电台管理

按照《业余无线电台数据库结构技术规范》要求，统一数据库结构技术规范，规范业余电台的建设、维护与数据服务。开展"2016 年重庆市业余无线电台专项核查工作"，部署完成新版重庆市业余无线电管理系统，对全市业余无线电台进行核查，补充完善台站数据，确保台站数据库的完整性和准确性。

（五）抓好无线电台站基础研究工作

组织实施《公众应急信息无线电发布实用系统项目》验收。启动《重庆市重点无线电台站电磁环境保护规划研究部分修订》工作。开展《重庆市业余无线电中继台设置规划研究》。

（六）做好设备检测和审核工作

一是为公安机关检测"伪基站"设备 139 套；为公众移动运营商、电力及民航部门完成设备验收测试 207 台；检测业余电台及物业甚高频台站 156 个。完成型号核准测试 7 个，测试样品 42 台。二是完成广电、机场、气象等单位拟建广播电视台、微波站、雷达站、卫星地球站、导航台等大型无线电台站电磁环境测试 51 个。三是完成无线电发射设备型号核准初审 19 件，进口审核 1 件。

四、切实维护好空中电波秩序

（一）持续开展打击整治"伪基站""黑广播"等违法犯罪专项行动

配合公安机关打击查处"伪基站"113 起，鉴定"伪基站"设备 139 套。打击查处"黑广播"128 起（其中干扰民航 11 起），鉴定"黑广播"设备 25 台。共出动监测、执法人员 1966 人次。

（二）圆满完成各类考试无线电安全保障

完成包括全国高考、公务员录用考试、全国大学英语四六级考试、一级建造师资格考试等 26 次各类考试无线电安全保障工作。共出动执法及技术人员 864 人次，发现和处置 87 起无线电作弊信号，配合公安机关查处利用无线电设备作弊案件 5 起。

（三）加强日常监测，及时查处干扰投诉

一是重点针对航空、水上、公安、广电重点频段进行监测，累计监测时间在 40000 小时以上，监测设备利用率保持在 90% 以上。二是受理并查处无线电干扰投诉 32 起，其中排查航空专用频率干扰 12 起、公众通信运营商基站干扰 13 起、通信专用网干扰 5 起、其他干扰 2 起。

五、推进无线电监管能力建设

（一）优化"十二五"无线电监测网络资源

在无线电五期监测网建设项目基本完成，新建固定监测站 29 个（其中：一类站 2 个、二类站 2 个、三类站 25 个），新建一类移动监测站 1 个（带应急指挥通信功能）、二类移动监测站 1 个，无线电管控车 5 辆（含监测测向设备和压制设备）的基础上，全面整合监测网络，优化监测网功能，将动态、准确、全面的频谱监测能力用于工作中，真正做到建以致用，充分发挥监测设备功能。

（二）推进无线电监测网六期工程建设

在无线电六期监测网项目建设中，做到查漏补缺，将基础设施建设从初步布点到精细规划转变。一是完成了 3 个二类固定监测站、10 个三类固定监测站、2 个三类移动监测站和全市无线电管理考试保障监控系统的建设任务。二是完成 6 个项目招标采购工作，主要包括：50 个三类固定监测站、移动监测站改造、在用无线电台站频谱分析测试系统、便携式监测设备升级电磁辐射测试系统、地市监测设备校准测试设备、控制中心分中心升级改造等。

六、推进无线电法制建设和行政审批改革

（一）完成《重庆市无线电管理条例》文稿起草工作

《重庆市无线电管理条例（草案送审稿）》，经征求市级有关部门和单位意见、社会公众意见，多次修改完善后，报市政府审查，纳入市政府、市人大 2016 年度立法审议计划。同时，完成了《重庆市无线电管理条例立法资料汇编》的编制。

（二）实施网上行政审批

无线电管理行政许可事项一律进入市政府网审平台办理。对无线电频率分配、呼号指配、台站设置、进口进关、实效发射等行政许可事项的许可条件、办事流程、资料申报进行了全面梳理，逐一核对，简化审批程序，严格审批监管，真正做到既方便群众，又务实高效。

七、加强无线电管理宣传和培训力度

一是走进街头社区开展宣传。共发放宣传册6000份、宣传单20000张、宣传伞4000把、宣传环保袋4000个、宣传文化衫1500件。二是在主流媒体进行宣传。针对"伪基站""黑广播"等社会关注热点问题，制作了公益宣传短片，在广电移动电视、广电新闻频道、轨道交通车站及列车宣传平台上集中播出。还多次邀请重庆卫视、《重庆晨报》等新闻记者纪实跟拍打击查处"伪基站""黑广播"违法专项行动现场并进行报道。三是在重要日期开展宣传。利用"2·13"世界无线电日、"3·15"消费者权益日、"5·5"业余无线电节等重大节点和时间段开展宣传活动。四是通过内部刊物进行宣传。向国家有关部门和兄弟省（自治区、直辖市）无线电管理机构发放《重庆工业和信息化工作简报无线电管理专刊》1500余本。

第二节 四川省

2016年，是"十三五"规划的开局之年，在国家无线电管理局和省经信委的领导下，四川紧紧围绕贯彻党的十八届六中全会、省十届八次全会，以管好资源、管好台站、管好秩序，服务经济社会发展、服务国防建设、服务党政机关，突出无线电安全保障重点工作，不断强化无线电管理向无线电事业转变，圆满完成了全年各项工作。

一、完成规划无线电频谱资源

完成了《四川省800MHz无线集群通信系统频率规划》《四川省1.4G无

线电接入系统频率规划》和《四川省 1.8G 无线接入系统频率规划》三个专项规划编制工作，保障了电力、民航和成都地铁等重要部门和行业的业务用频；同时积极支持鼎桥等通信企业开展 5G、4G 等技术研究实验。

二、评估使用无线电频谱的专项活动

按照国家无线电办公室部署，四川省无线电管理机构成立了省、市（州）两级专项活动领导小组，下发《关于开展无线电频谱使用评估专项活动的通知》，制定了省、市（州）两级实施方案；认真组织了人员培训，对 21 个市（州）人员进行集中学习培训；加强了技术指导和支持，对全省 21 个市（州）监测控制中心进行软件升级；加大了专项活动的督促、检查和指导，对部分市州进行了现场督导、检查。专项活动全省共采集原始数据 791GB，经过数据清洗生成符合国家规范格式的上报数据共 629GB，其中移动监测站采集数据 238GB，固定监测站采集数据 391GB，完成频谱使用评估报告的撰写。

三、加强台站规范化管理

（一）做好行政权力清单的清理工作

不断优化和规范无线电台站的管理。以做好无线电频谱使用评估专项活动为契机，进一步完善频率台站数据库，不断提升台站数据的准确性和实时性。

（二）认真做好无线电台站监管工作试点

作为全国选取的开展"无线电台站监管工作"4 个试点省之一，四川及时部署，2016 年 5 月完成《四川省无线电台站监管试点工作方案》；6 月召集广电、民航和成都、绵阳等相关行业和市州，部署四川省无线电台站监管试点工作方案；7 月整理相关市州和行业相关数据，下发《关于核对四川省无线电台站参数的函》和《关于开展四川省无线电台站监管试点工作的通知》；9 月收集广电、民航上报的修改数据，并对数据库进行查找、整理；年底完成了相关市州广电和民航数据的修改入库。

（三）认真做好无线电发射设备型号核准工作

为成都成广电视设备有限公司、四川长虹电器股份有限公司、四川天邑康和通信股份有限公司、四川信能科技发展有限公司、成都鼎桥通信技术有限公司等 23 家企业、38 个产品办理了无线电发射设备型号核准初审。

四、做好日常无线电及应急监测

全力做好全省频谱监测月报的技术支持工作，既注重频谱监测的常态化和规范化，又注重其科学和创新。完成多起外国领导人和使节访问成都期间的无线电频率预选监测，保障了重要外事活动的无线电安全。积极为国防建设服务，保证全省无线电监测网、应急通信网的正常使用。省无线电监测站作为西南地区首家无线电设备发射特性核准检测机构，进一步加强质量管理。配合做好打击"伪基站""黑广播"等专项工作，2016 年共对 26 套非法无线电设备做了委托司法鉴定测试。在用设备检测方面，对绵阳、眉山、内江、达州等地市的运营商基站共 216 台发射机做了检测。

五、打击治理非法设台专项行动

持续推进打击非法设台专项行动。重点开展打击"伪基站""黑广播"等危害性大、群众反映强烈的非法设台专项工作。加强对调频广播频段 87MHz 至 108MHz 和公众通信频段进行不间断的监测，对发现疑似信号及时予以跟踪排查，坚决做到发现问题及时排查。同时，主动加强与出租车公司的协调，对外公布举报电话。截至 2016 年 9 月底，在公安机关配合下，全省共查处"黑广播"1185 起，挡获"黑广播"设备 378 套。协助公安机关查找"伪基站"521 次，完成"伪基站"设备鉴定 731 套。其中，排查民航无线电干扰 15 次（11 次为"黑广播"造成）、运营商干扰 90 次。

六、做好无线电干扰排查

四川省以打击"黑广播""黑中继"和"伪基站"的"两黑一伪"现象为重点，持续开展行政执法工作。一是开展打击"黑广播"专项行动，全省开展 133 次联合执法行动。以成都为例，2016 年开展各类无线电行政执法行动共计 130 次，暂扣设备 166 套，查处并收缴"黑广播"143 套。二是开展 18 次对讲机执法检查，主要包括物业、医院、酒店、汽车 4S 店等，并对三高地点进行重点巡查。三是配合公安开展打击"伪基站"专项行动。

七、完成重大活动无线电安全保障

（一）做好航空、铁路、广播等重点业务的电磁环境保护和干扰查处

查找四川省非法广播、民航双流机场干扰等重大干扰和非法信号多起；参加"非法电视广播电台"（黑广播）专项整治活动，定位"黑广播"39 处；集中组织开展 2 次打击"伪基站"摸底行动，定位 20 余处"伪基站"信号；组织成都、内江、京山等多市开展 1400—1427MHz 不明信号源干扰欧洲空间局 SMOS 卫星的工作。

（二）圆满完成公务员考试、高考等重要考试的无线电安全保障监测任务

为全省无线电监测机构搭建考试保障等信息实时交流微信群，在全省范围内保障高考、公务员等系列考试公平进行。截至 2016 年 11 月底，共参加各类教育、人事考试无线电保障 15 次，监测到作弊信号 27 个，阻断作弊信号 90% 以上，查获作弊设备 10 套。

八、完成《四川省无线电管理规划（2016—2020 年)》编制

《四川省无线电管理规划（2016—2020 年)》编制工作从 2015 年下半年开展启动，经过实地调研、问卷调查、讨论、征求意见修改等步骤，形成文本，借鉴专家意见进行修订，已完成编制。

九、以科研来指导带动具体工作

开展了多方位、多层次的学术交流 20 余次。参与部、省级多个重大课题的研究。包括工信部软科学课题"无线电监测网络智能化战略研究"、省科技支撑计划课题"无线电监测智能网络系统研发"、神华集团研究开发项目"铁路新型宽带无线通信系统频谱与电磁环境管理研究项目"的铁路新型无线宽带通信系统频谱规划及相关射频参数确定所需组织的电磁兼容实验内容与实验数据分析部分等。同时积极启动与四川大学、西华大学等单位合作开展几个新项目研究。

十、落实"十三五"规划和技术设施建设

加快省无线电监测检测业务发展和技术设施建设"十三五"规划的研究，为制定《四川省无线电管理"十三五"规划》提供决策支持。按《四川省无线电管理"十三五"规划》有序推进技术设施建设工作，加大设备调研力度，兼顾省市实际，完善技术方案，并按国家新的要求严格进行项目申报，注重技术设施建设的规范性、科学性和有效性。在资金使用、人事、设备采购等方面全程接受监督，实行民主科学决策，严格廉政纪律，保证资金和人员的安全。

十一、加强了对业余无线电台站的管理

组织四川省无线电爱好者协会举办业余无线电操作能力资格考试，共计约 200 人参加考试；为民航、气象、电信运营商等行业用户做了 14 次电磁环境测试；完成世界航线大会无线电安全保障任务；开展了《无人机无线电监管技术》等课题研究；省无线电办公室、无线电监测站和多数市（州）无线电管理机构都开展相关业务培训。

第三节 贵 州 省

2016 年，贵州省无线电管理机构围绕省委省政府重大工作部署和委中心任务，按照年初制订的工作计划，扎实推进各项工作。

一、加强频率台站管理工作

（一）圆满完成无线电频谱使用评估专项活动。

按照统一部署，制定和细化专项活动工作方案，历时 4 个月，对全省 58个卫星地球站进行了全面实地核查，对 9 个市（州）88 个区县城市城区进行全频段移动监测，重点比对移动通信基站数量 151835 个。9 月底，已全面完

成卫星地球站核查和公众移动通信频段的测试评估并将资料上报，成为全国首家完成工作并上报的省份。

（二）频率台站核查工作逐渐常态化

对民航机场、广电系统使用的频率和设置的台站进行详细核查比对，全面摸清了民航和广电系统频率和台站设置使用情况。同时，加大了频率使用和台站设置的事中事后监管力度，为保障民用航空无线电通信安全和广播电视播出安全奠定了坚实基础。

（三）公众移动通信基站和业余电台管理更加规范

对三大运营商通信频率进行日常保护性监测。截至目前，全省共审批移动通信基站 9147 个。同时逐步加强业余无线电管理，组织开展了全省业余无线电台清理登记，举办了 550 人参加的业余无线电台操作技能考试，不断规范和引导业务无线电活动。

（四）科学规划、统筹配置无线电频谱资源

组织编制了《贵州省 800MHz、1.4GHz 和 1.8GHz 频率规划》及《频率和台站管理工作规范》（试行），频率和台站管理逐渐步入科学化、精细化、规范化轨道。

（五）强化重大项目电磁环境保护措施

制定《射电望远镜电磁波宁静区无线电台（站）核查清理实施计划》和《射电天文望远镜（FAST）台址保护性监测计划》，对 FAST 电磁波宁静区内 548 台无线电设备进行了清理，对重点频段进行保护性监测。

二、加强依法行政工作

一是出台了 FAST 项目保护条例。全程参与起草、修改和推进了黔南州《500 米口径球面射电望远镜电磁波宁静区环境保护条例》的颁布实施，为大射电的正常运行提供了法律保障。二是严厉打击网络电信新型诈骗，特别加大了对"伪基站""黑广播"非法设台的打击力度。截至目前，共查获"黑广播""伪基站"50 余起，刑事拘留涉案人员 21 人。三是按照贵州省委、省政府关于"无线网络·满格贵州"的要求，开展了非法设置使用移动通信干扰器专项治理工作，查处取缔干扰器 16 起。四是加强技术监管，全系统共查处干扰案件 50 余起，干扰投诉查处率达 100%。五是强化依法行政，聘请法律顾问，咨询顾问意见，推动工作规范化、法制化，为依法决策提供了法律保障。

三、推进无线电安全保障工作

一是完成贵阳国际大数据博览会、生态文明国际论坛、省旅发大会等 20 余次重大活动无线电安全保障工作。二是圆满完成高考、公务员、司法等 25 类考试无线电安全保障工作，查处作弊信号 91 起，实施干扰阻断 57 起，查处作弊案件 34 起。三是保障高铁专用无线电频率安全。完成沪昆和贵广高铁电磁环境测试工作，处置公众移动通信对高铁 GSM – R 干扰 16 起。

四、持续推进无线电监测工作

一是注重日常监测。结合重要业务用频实际，加强日常监测。二是做好无线电发射设备检测和电磁环境测试工作。全年检测无线电发射设备共计 51 台（套），为贵州境内高铁沿线、机场等新建雷达站址电磁环境测试 12 次。三是做好无线电管理网络信息服务工作，及时报送和回复门户网站业务公众质疑 8 起。四是技术设施建设进展顺利。清理项目执行预算，调整资金使用计划，完善项目库更新机制；此外，贵安无线电综合业务中心、黄果树监测业务中心、FAST 保护性监测站和区域网格化试点等重点项目稳步推进。

五、加强制度建设

坚持从强化内部控制制度入手，修订和完善一系列工作规则及管理制度；坚持从项目执行力度入手，对项目实施进度跟踪和动态管理；坚持从盘活资金存量入手，进一步清理了结余结转资金；坚持从加强财务管控入手，对全系统财务实行集中管理。通过以上措施，促进了管理工作规范化。同时，进一步推进服务承诺制、首问责任制、限时办结制等工作制度。

六、进一步完善人才队伍建设

组织开展知识竞赛、综合演练和业务综合交流和培训，并首次实现演练与实况同步监控，达到了锻炼队伍、提升技能的目的。同时，针对近年来新招录人员较多和新老设备多数处于更替期这一特点，为适应无线电管理新要求，认真总结经验及不足，并结合工作实际，制订了相应措施和培训计划，积极组织大家参加不同层次、不同形式理论和业务培训，提高技术人员工作能力和业务水平。2016 年以来，共参加和举办各类培训 9 次，参训人员达282 多人次。

第四节 云 南 省

2016 年，云南省无线电管理机构在省委、省政府和国家无线电办公室的正确领导下，认真贯彻落实党的十八届六中全会和省委九届十三次全会精神，不断增强政治意识、大局意识、核心意识和看齐意识，聚焦频谱资源管理核心职能，以科学监管为方向，协调推进法规制度、行政管理、安全保障、技术支撑体系建设，较好地完成了各项目标任务，为"十三五"开好了局、起好了步，有力地促进了云南当地的经济发展、社会信息化和"两化"融合。

一、按期完成规划的编制发布

一是编制发布《云南省无线电事业发展"十三五"规划》，科学谋划云南"十三五"时期无线电事业发展蓝图，系统性地提出了实现无线电管理"五化"（频率管理精细化、台站管理规范化、技术设施智能化、安全保障体系化和军地融合深度化）的发展目标，明确了11 个方面的主要任务，细化了12 项重点建设工程。二是指导各州市完成无线电管理"十三五"规划的编制工作。各州、市的规划结合自身特点，与省规划充分衔接，为本地区无线电管理"十三五"时期的发展确立了方向和目标。

二、扎实开展频谱评估专项活动

抓好 2016 年频谱评估重点工作，对公众移动通信频谱使用情况进行了评估。此项工作出动技术人员 100 多名、移动监测车 28 辆，启动固定监测站 70 余座，完成了全省 129 个县（市、区）和陆路边境口岸的路测任务，核查了 68 个卫星地球站，采集数据量 2600GB（在全国排名第三），开展了测试数据评估和比对工作，制作频谱使用图表 150 余份，形成了准确翔实的公众移动通信频段评估报告。

三、统筹配置频谱资源

深入开展了清理小灵通、MMDS、无线数据传输、GSM－R 公众移动通信、450MHz 无线接入频段等活动。积极推动公安 350MHz、护林防火等专用通信网数字化提升改造，推进对讲机模拟转数字等工作。同时圆满完成老挝国家主席、缅甸副总统访华在昆期间以及其他重大活动无线电用频保障。

四、全力做好频率台站协调工作

助推云南航空网、铁路网和移动互联网建设。对全省 8 个在用、在建和拟建的民用、通用机场开展电磁环境测试、频率保障和净空保护立法等工作，促进了云南航空产业的发展。积极组织昆明铁路局和云南移动公司对云桂、沪昆高铁 GSM－R 建设，开展频率测试，排查干扰信号，保证用频安全，助推云南省进入高铁时代。同时简化审批流程，加强协调服务，全力破解选址难、共建共享难等方面的问题，大力发展新一代移动通信业务，支持、支撑以移动互联为核心的各种产业的发展。

五、全面加强事中事后监管

持续协调广电、民航、气象和公众移动通信等部门及时报送台站数据，督促铁路完善部分台站手续，不断提高台站数据库的完整性。同时健全管理机制，加强无线电台站的动态监管，深入推进台站属地化管理，按国家要求开展了台站经纬度核查活动，确保了台站数据的准确性。此外进一步规范许可审批行为、依法行政。全年全省各级无线电管理机构共受理设台申请1325个，审批1325台（套）。

六、完善法规制度建设

一是深入电信、移动、联通、铁塔公司调研，在征求相关州市、部门和企业的意见基础上，以云南省政府办公厅名义下发了《关于进一步加大信息通信基础设施建设支持力度的通知》，进一步强化了对信息通信基础设施建设的政策支持力度。二是启动了《云南省无线电管理条例》和《云南省室内无线电信号覆盖系统建设规范》的修订工作。三是完善长效保护机制，组织航空、铁路等专用频率的保护性监测，高效查处无线电干扰。四是完善监测月报制度，强化日常监督检查，开展对重要业务、重点区域（特别是边境地区）的专项执法活动。全年共发现上报非法调频广播信号30余个，查处"黑广播"案件34起、"伪基站"案件32起、非法设置卫星电视干扰器违法行为6起，有效地打击了此类违法行为。

七、健全无线电安全保障机制

一是从频率储备、保障队伍建设、快速检测能力提升、应急工作机制等环节入手，健全常态化重大活动无线电安全保障机制。二是组织查处无线电干扰48起，其中主动查处31起，切实保障了航空导航、广播电视、公众移动通信等重要无线电业务的安全运行。三是完成了春运、两会等重大时期的无线电安全保障工作。四是圆满完成了昆明高原国际半程马拉松赛、中国—南亚博览会等重大活动无线电通信保障任务，得到了组委会的充分肯定和高度评价。五是做好各类重大考试保障工作。全年共计保障93次，派出人员883人次、车辆350辆次，启用技术设备818台次，发现疑似信号16个，实施无线电阻断9次，查处案件7起，查收设备12台套。

八、全面强化监测、检测和运行维护工作

按照《云南省无线电监测工作规范》，全面完成了年度重点监测、专项监

测和常规监测任务，累计监测时间 382781 小时，共接到干扰投诉 59 起，查处 79 起，其中主动查处 28 起。分析比对监测信号 1925 个，新增核实信号 625 个。巡检、维护（修）监测系统 854 人次，巡检维护固定站 64 个、移动站 38 个、小型站 215 个，共处理硬件故障 146 次，软故障 125 次，网络故障 85 次。检测设备及附件 500 余次。

九、规范技术设施建设

一是完成了《云南省无线电监管技术设施"十三五"建设规划》的编制工作，统筹规划了未来五年全省技术设施建设目标任务，建立了动态项目库。二是完成了Ⅲ级小型监测站项目、存储及核心骨干网建设项目、数据中心升级改造、4G 基站检测系统和巡查维护系统 6 个项目的建设及验收工作，启动了四期项目档案验收准备、财务决算审计和总验工作。三是建立了无线电频谱监测管理系统，实现了全省监测数据比对工作的统一报送和比对。

十、宣传工作成效明显

一是组织开展"世界无线电日"、6 月宣传周、9 月宣传月等活动，普及无线电知识和法规，增强全民依法使用无线电的意识。二是录制"关注打击无线电违法犯罪"节目、跟踪报道打击"黑广播"联合执法专项行动，利用电视媒体进行广泛宣传，取得了较好的社会反响。三是编辑《云南省无线电管理工作通报》和网上发布工作消息，加强了对内对外的无线电管理的动态宣传。四是在国家《无线电管理条例》修订出台后，及时通过各种方式组织了集中宣传学习。五是开展无线电政策法规、业务知识和监督检查培训和宣传。

第五节　西藏自治区

2016 年，西藏自治区无线电管理局在自治区党委、政府以及工业和信息化厅的正确领导下，以党的十八大，十八届三中、四中、五中、六中全会，中央第六次西藏工作座谈会，全国工信工作会议，自治区第九次党代会，全区工信工作会议精神为指引，深入落实"三管理、三服务、一突出"的总体要求，围绕中心，服务大局，狠抓干部队伍建设、法规制度建设和技术手段建设，努力提升综合监管能力、服务保障能力和技术支撑能力，全面加强频率台站管理、电波秩序维护和无线电安全保障等工作，较好地完成了全年各项工作目标任务。

一、切实履行"电波卫士"职责，严厉打击整治"伪基站"等违法犯罪行为

巩固扩大打击整治"伪基站"违法犯罪活动专项行动成果，积极协调配合自治区网信办、公安等部门切实加大打击力度，建立健全长效机制，推动多部门联合打击整治"伪基站"等违法犯罪工作制度化、规范化和常态化。2016年，全区各级无线电管理机构按照自治区联办及工业和信息化厅的统一部署，迅速行动、精心组织，累计出动工作人员150余人次、无线电监测车50余台次，动用无线电监测定位设备60余台（套），对公众移动通信频段开展监测时长达3500余小时，配合公安机关查处"伪基站"案件1起，查获"伪基站"设备1套，清理"伪基站"发送垃圾信息90余万条。有力维护了公众移动通信秩序和人民群众合法利益。

二、科学规划配置频率资源，为经济社会发展提供保障

一是组织开展全区1.4GHz专网频率分配和使用情况专项调研活动，为下一步科学、合理、规范编制全区1.4GHz频率规划奠定基础。二是在全区范围内开展了为期三个月的无线电频率使用情况核查专项活动，共清理、更正出国（境）台站错误信息69条，实现了全区台站地理信息"零"出境。三是根据国家无线电频谱使用评估专项活动成果报送要求和《全区卫星地球站信息统计专项活动实施方案》内容，整理上报全区卫星地球站信息258条。四是完成公众移动通信基站及其他台站数据上报工作。五是扎实开展无线电监测月报统计工作，截至2016年底，全区累计有效监测时长达16900余小时，统计汇总并上报监测月报84份。六是统筹协调用频需求，保障民航、铁路、广

电等部门通信指挥调度体系畅通有序。七是加大重点频段监测力度，强化对不明信号的收集及整理分析。

三、加强台站设备管理，保障各项业务运行

做好台站设备管理，以便从源头上杜绝无线电干扰隐患，保障各项无线电业务的顺畅运行。一是牵头组织开展打击治理"黑广播""伪基站"多部门联合专项行政执法检查活动，成立联合执法工作领导小组，制定《打击治理"黑广播"、"伪基站"违法犯罪活动联合行政执法检查工作方案》。二是完成全区主要城镇指定频段无线电信号监测工作，摸清重点频段场强覆盖情况，排查不明信号 30 余个，收集各类无线电信息 1900 余条。在重点时段开展全区短波专项监听时长约 1500 余小时，有效监测频点 203 个。三是组织2016 年全区业余无线电台操作技术能力 A 类验证考试，10 人考试 5 人通过，参考率及通过率均为历年之最。

四、突出做好重大保障工作，奋发有为不辱使命

做好"三节"、两会、各类节日及宗教活动无线电安全保障工作。同时进一步发挥航空、铁路等重要行业无线电频率使用保护长效机制作用，做好对专用频率的保护性监测和干扰查处。全年全区共查处无线电干扰 14 起，查处率 100%。此外全区无线电管理机构还配合教育、人社、公安等部门开展高考、研究生等考试期间防范和打击利用无线电设备作弊工作。截至 2016 年底，全区累计参加各类考试保障 110 场次，出动工作人员 280 余人次，动用各类设备 150 余台（套），压制可疑信号 3 个，区域性阻断数字信号 6 起，有力维护了考场周边无线电波秩序，确保了考试的公平公正。

五、着力强化技术手段建设，不断提升服务保障能力

2016 年，无线电应急机动大队和拉萨市无线电监测站专用房屋建设项目进入施工建设，该项目建设成后将为拉萨市顺利开展无线电日常监测、专项监测、干扰排查等工作提供专用场地和专用设备保障。同时完成 7 地（市）超短波补点站、日喀则、林芝、山南、阿里部分边境线超短波遥控站及部分

重点区域短波遥控站联网测试工作。此外评估验收无线电管控系统运行维护服务项目及控制中心机房动力环境蓄电池监控系统及升级扩容机房 UPS 电源项目，为实现无线电管理工作高效化和自动化奠定了坚实基础。

六、持续推进无线电管理法制建设，《电磁环境保护条例》制定取得重大进展

一是积极推进依法行政工作，完成自治区无线电管理局行政权力清单和责任清单梳理及填报工作。二是启动并完成《西藏自治区无线电管理条例》（释义）印制工作。三是稳步推进《西藏自治区无线电电磁环境保护条例（草案）》（以下简称《电磁环境保护条例（草案）》）立法进程，现已列入2016 年西藏自治区人大立法计划范畴。四是积极协调、配合区人大财经委赴云南、北京、重庆三地开展《电磁环境保护条例（草案）》立法调研工作，进一步修改、充实、完善《电磁环境保护条例（草案）》内容，力争早日出台实施。

七、开展无线电管理宣传工作，营造舆论环境

印发《2016 年度全区无线电管理宣传工作实施方案》。截至 2016 年底，全区累计开展宣传活动 22 次，悬挂宣传横幅 100 条，展示宣传展板 110 余块次，发放各类无线电管理宣传资料 8000 余份，解答热点、难点问题 500 余人次，通过三大电信运营商平台发送宣传短信 100 余万条，浏览、分享宣传视频 7000 余人次，刊载无线电业务知识和法律法规专刊 1 版、刊登宣传文章 10 余篇。

八、强化队伍建设，提升无线电管理综合水平

继续加强在职人员培训工作，提高队伍综合素质和业务技能。为落实"十三五"期间与上海市无线电管理局签署的合作框架协议内容，在上海组织举办西藏无线电管理工作人员短期业务培训班；参加全国性无线电管理工作培训班 8 期；同时各地（市）监测站结合工作需要，广泛开展设备实际操作等训练，队伍专业技能明显提高。

第十一章　西北地区

本章主要对西北地区甘肃省、青海省、宁夏自治区等省区 2016 年无线电管理工作进行了梳理和总结。西北地区各级无线电管理机构在国家无线电办公室的正确领导下，深入贯彻党的十八大以来各次全会以及习近平总书记系列重要讲话精神，落实全国无线电管理工作电视电话会议部署要求，以无线电频谱资源管理为核心，稳步推进台站管理、电波秩序维护和无线电安全保障，各项工作取得长足的进展。

第一节　甘　肃　省

以国家"无线电管理工作会议"精神为指针，以提升管理能力和服务水平为目标，以频率核查和安全保障为重点，以法制为依托，以文化为引领，加强队伍建设，发挥职能作用，推动了甘肃省无线电管理事业的全面发展。

一、顺利完成各类重大活动保障

2016 年全省重大活动保障任务较多，先后完成了兰州国际马拉松赛、丝绸之路国际汽车拉力赛、环青海湖国际公路自行车赛、首届丝绸之路（敦煌）国际文化博览会、首届丝绸之路（张掖）通航大赛、国防科技试验等 45 项重大赛事活动无线电保障，各项任务圆满完成，实现重大活动无线电安全保障零投诉。

全省无线电管理机构完成了 234 次各类国家、省、市考试无线电监测保障工作，共派出人员 2216 人次、626 车次，发现无线电作弊信号 161 起，成功阻断 107 起、查处案件 53 起、查获作弊设备 48 台套，涉案人员 9 人，保证了各类考试的顺利进行。

二、认真开展频谱使用评估专项活动

按照国家无线电管理局要求，4月以来，完成了专项活动的方案制定、软件选型、安装试运行、技术评估培训、数据监测采集及分析比较等工作。目前，各市州已完成当地数据的采集、存储与分析、报送相关数据和报告等工作，10月份完成了全省相关频段频谱使用评估报告，形成了省、市、县（区）三级频谱使用情况图表，有关数据及评估报告按时上报工信部无线电管理局。

三、出台甘肃省无线电管理"十三五"规划

在对13个市州无线电管理情况进行调研的基础上，形成《甘肃省无线电管理"十三五"规划》（初稿），先后组织各市州管理处处长、监测站站长、省办高级技术人员等不同层次的规划讨论会，广泛征求意见建议，对规划不断进行修改完善，6月委托国家无线电频谱管理（西安）研究所对规划进行了论证评审，9月经工信委党组会议审定，正式印发实施。

四、积极查处"黑广播""伪基站"及各类无线电干扰

打击治理"黑广播"是2016年的一项重点工作。积极协调省公安厅、新闻出版广电局、广播电视总台等相关单位，建立了打击治理"黑广播"查处协同机制，全省动员，统一行动，开展打击治理专项活动。截至11月末，共查处"黑广播"46起、"伪基站"36起、卫星电视干扰5起，缴获设备58套，有效遏制住了"黑广播"蔓延势头。

提升监测保障能力。加强日常监测，对全省重点频段实施不间断24小时监测，累计监测时间达到61492小时以上，加大对不明信号的分析、排查力度，按时向国家无线电管理局上报《频谱监测月报》，推动监测工作常态化、规范化、制度化。

保障重点单位用频安全。及时监测、排查民航、铁路、公众移动通信及其他干扰投诉84起，配合新闻出版广电部门开展广播电视无线传输覆盖网秩

序专项整顿，不断优化全省电磁环境。

五、进一步推动法制建设

积极争取省人大法工委将《甘肃省无线电管理条例》列入 2017 年立法计划，加快立法进程。提高依法监管能力，完成执法监督人员资料、执法主体资格申报工作，做到执法监督人员持证上岗。

六、提高队伍素质和内部管理水平

全年组织行政执法、监测检测、新设备操作、财务管理、新版台站数据库操作等专项培训班 5 次，培训人员 162 人次，参加国家无线电管理局组织的宣传、技术、信息化、无线电安全、专项活动、项目管理、综合管理、《条例》宣贯等专项培训和座谈交流 14 次，参训人员 47 人次。积极开展技术练兵，5 月份组织开展全省无线电技术演练竞赛活动，模拟实战环境，检验技术人员技能水平，奖励综合成绩先进单位和单项成绩优秀的职工。

加强预算管理、财务核算和支出管理。实行《全系统财务集中报账制度》，增加省办财务人员力量，增设总稽核岗位，明确岗位职责，强化内部控制职能，规范资金管理流程；撤销各市州管理处财务机构，只设一个专职报账员，各管理处财务收支业务由省办统一审核办理，全系统实行公务卡结算；进一步强化预算管理、会计审核，进一步规范年度预算资金支付工作流程，形成了相互监督的管理机制。在全系统开展固定资产清查，完成了报废资产统计审核、会计监督检查工作。

实行工作月调度制度，每月末对当月工作进行小结，衔接下月工作计划，责任到人，限期落实，有效推动重点工作任务的落实。完成了 10 名专业技术人员的招录工作，对空缺岗位及时补充，积极为年轻干部、高级技术人才搭建干事创业平台。

七、健全项目管理责任制

建立了项目负责人制度。每个项目确定一名项目负责人，从项目的可行性研究、初步设计、招投标、开工建设、竣工验收等，全程负责管理协调。

加强项目合同管理。所有项目合同，包括国有资产租赁合同文本，必须经过法律顾问审核修改，无委办主任会议或项目建设和设备购置工作小组会议审定后方可签署；项目实施过程中，项目负责人密切跟踪合同执行情况，督促施工单位、监理单位认真履行合同，定期向省办汇报项目工程实施进度和工程质量。

八、扎实推进"两学一做"学习教育和党风廉政建设

制定了《省无委办"两学一做"学习教育实施方案》《省无委办"两学一做"学习教育计划》和《省无委办"两学一做"学习教育制度》，把政治学习与业务工作同落实、同安排、同部署，坚持每周五的党员政治学习、召开组织生活会、组织党建讲座、撰写学习心得，班子成员督查了联系市州管理处的学习情况。强化学习纪律，广大党员学习的积极性、主动性明显提高。

落实党风廉政建设主体责任，党总支书记与各市州管理处处长签订了《党风廉政建设责任书》，班子成员督促落实分管工作党风廉政建设责任，抽调专人负责党建、党风廉政建设和纪检监察工作。坚持问题导向，着力排查防范"10个廉政风险点"。认真落实"民主集中制""三重一大"制度，对计划财务、干部人事、项目管理、工程招标、物资采购、行政审批等，实行集体讨论决定、形成会议纪要、责任到人、限期落实、过程公开透明。完成了经济责任审计问题整改、"小金库"专项整治工作，建立了《省无委办党风廉政建设工作巡察问题整改台账》，实行销号管理，绝大部分问题做到了即知即改，整改工作基本完成。

第二节　青海省

2016年，在国家无线电办公室和省政府办公厅的正确领导下，青海省无线电管理机构深入贯彻党的十八大以来各次全会以及习近平总书记系列重要讲话精神，落实全国无线电管理工作电视电话会议部署要求，以无线电频谱资源管理为核心，稳步推进台站管理、电波秩序维护和无线电安全保障，助

力全省信息化建设，服务经济社会发展和国防建设，各项工作取得新的进展。

一、扎实开展评估专项活动，频率台站管理规范有序

无线电频率使用评估专项活动是 2016 年的工作重点，按照国家无线电办公室安排部署，全省无线电管理机构扎实推进此项工作，省办成立领导小组，制定活动方案，确定了 6 个工作阶段，每个阶段明确工作任务、时间节点，并专门召开动员会议，培训基层管理人员 30 多人。在数据采集过程中，重点对公众移动通信、通信卫星及卫星通信网在用频率开展核查，共测试里程 18206 公里，采集数据量 107.5GB，核查卫星地球站 42 座，圆满完成了评估工作。在台站管理方面，开展了治理非法设置无线电台（站）专项活动，检查 180 个单位，责令违规用频单位限时整改。加强业余无线电台管理，组织 57 名业余无线电爱好者进行资格考试，取得操作证书。全年共指配频率 225 个，办理核发电台执照 10218 份。全省现共有注册无线电台（站）47199 部，其中广播电视台站 1070 部、公众移动基站 31355 座、超短波台站 13779 部、短波电台 169 部、无线接入台站 445 部、数传电台 126 部，移动用户总数达到 543.3 万户，普及率 92.3 部/百人。

二、严厉打击"黑广播""伪基站"，全力保障信息安全

青海省被国务院部际联席会议列为第一批开展区域性集中打击"黑广播"地区之一。省、市州均建立了由无线电管理部门牵头负责，公安和广电部门共同参与的联合打击非法广播电台长效工作机制。4 月 7 日，会同公安、广电、民宗、工商和民航安监、空管、机场等部门召开集中打击治理"黑广播"违法犯罪专项行动电视电话会议。行动期间，全省无线电管理机构开启固定监测站 10 座，使用移动监测设备 12 部，及时分析信号数据和使用情况，对疑似非法信号进行跟踪监测，在为期 20 天的专项行动中，共取缔和查获"黑广播"设备 24 套，其中寺院"黑广播"16 套，药品广告"黑广播"8 套。在专项行动中，出动监测和执法车 1639 台次，出动监测人员和执法人员 5178 人次，动用监测设备 4695 台次，监测时长达到 40600 小时。2016 年，与公安、移动等部门开展了 4 轮打击"伪基站"专项行动，查获固定式"伪基站"

设备 7 套, 背包式移动便携设备 1 套, 协助公安部门抓获犯罪嫌疑人 1 名, 出动监测和执法车 1491 台次, 出动监测人员和执法人员 4672 人次, 有力打击了"黑广播""伪基站"违法犯罪活动。

三、积极服务经济社会发展, 无线电安全保障有力

一是在"两节"、春运及全国两会期间, 加强了广电、航空、铁路部门无线电业务监测。同时, 加强了"西宁都市圈""临空经济区""工业园新区"监测网建设, 进一步扩大了对党政机关、机场、航路等重要监测区域覆盖。截至 11 月底累计监测 6256 小时, 参与监测人员共计 107 人次, 监测频段 15 个, 监测预指配频点 50 个, 上报监测月报 10 份。二是维护网络安全, 服务全省信息消费工作。青海省无线电管理办公室作为全省促进信息消费领导小组工作成员单位, 全力保障无线电频谱需求, 积极支持 4G 移动基站建设, 开展电磁环境抽检, 升级"伪基站"侦测专网, 为无线宽带网建设提供政策和技术支持, 减免频率占用费和电磁环境测试费用共计 32.6 万元。三是保障高考、研究生、卫生、会计、公务员招录等重要考试累计 41 次, 保障天数 92 天 (双休日 62 天), 考场 9579 个, 共阻断非法信号 16 个。各类考试保障中, 全省无线电管理机构工作人员派出 1112 人次, 出动无线电监测、压制车 368 台次进行无线电安全保障。在高考保障中, 组织全系统开展了集中打击销售无线电作弊器材专项执法检查行动, 并对各地招办在考场设置的近 150 台手机干扰器进行检验测试, 并出具检测报告, 得到了省政府领导和各地招生委员会的充分肯定。四是全力做好第十五届环湖赛无线电安全保障工作, 办公室牵头与甘肃、宁夏无委办召开专题会议, 成立领导小组, 制定工作方案, 开展监测清频工作, 确定临时频率 58 个, 审批临时台站 789 部, 现场检测赛事无线电发射设备 110 部, 向 130 多家无线电台站使用单位下发管控通告。环湖赛首日, 离开赛直播不足 2 小时, 接到广电赛事直播组的申诉, 仅用 20 分钟, 4 个保障分队就快速排查了 2 起电视直播信号干扰。全程保障了环湖国际电动汽车挑战赛, 审批台站 119 部, 指配频点 12 个。五是配合公安、610 部门保障中央首长来青视察和杭州 G20 峰会无线电安全。省无线电监测站海东、海西、油田管理派出人员共 192 人, 移动监测车和无线电信号压制车 14

辆参与保障工作。全省无线电管理机构与相关部门通力协作，圆满完成了各项无线电安全保障工作，民航、公安、气象部门向青海省无线电管理办公室赠送锦旗致谢，西部战区联合参谋部信息保障局、省教育厅专门致函感谢，第十五届环湖赛组委会通报表彰青海省无线电管理办公室。六是对格尔木和德令哈市 4 家光伏企业无线电技术应用项目提供电磁环境测试免费技术服务，检测无线电发射设备 217 部；完成电磁环境测试申请 7 件，编制电测报告 7份，对格尔木和德令哈市 4 家光伏企业，久治、玛沁、祁连、门源、兴海、德令哈等预建机场设台场址和同仁、兴海建设气象雷达站进行电磁环境测试，出具检测报告 29 份，检测无线电发射设备 257 部，对果洛机场 KU 波段、西宁机场 KU 波段卫星地球站、拉西瓦光伏项目无线接入基站进行了验收。

四、强化行政执法能力，规范专项行动和干扰查处执法行为

全省无线电管理机构创新管理，各管理处完成了行政权利和责任清单报批工作，基层管理处全面推行"一站式服务"，明确资料审核和流转环节时限，有 3 个管理处入驻了当地行政服务办事大厅，服务质量全面提升。海东管理处改进基站的审批管理，由审核审批制逐步向用户申报承诺制过渡转变。海南州建立无线电管理协管员制度，在各县政府办公室成立无线电管理协管办公室，增设了无线电管理协管员。省办统一制定下发了"青海省无线电专项行政执法登记表"，制定了《青海省无线电管理行政执法暂行规定》《网站管理办法》，完成了省政府审改办"清理省政府各部门行政审批""行政审批中介服务事项""保留行政许可项目目录"和"全省行政执法人员资格清理""行政执法机构调查"等工作。西宁管理处制定了《事中事后监管清单》《"先照后证"改革后相关审批项目监管职责清单》及《行政审批中介服务事项目录》。全年，共开展行政执法 151 次，检查西宁市区三县销售无线电设备市场，开展法制宣传教育，责令违规商户整改。在打击整治"伪基站""黑电台"的侦测和调查取证过程中，严格按照执法程序进行，依法取证和没收设备，出示设备收缴清单，做好现场检查笔录、调查笔录和视听资料等，并对没收设备进行检测，出示报告，为公、检、法部门提起诉讼提供证据。全年协调查处干扰 52 起，其中民航干扰 30 起。应国家无线电办公室要求查处 5

起，在海西花土沟成功排查国际 SMOS 卫星干扰，首次使用无人机进行监测定位。海东管理处排查西宁机场校飞期间导航系统干扰 1 起，海西管理处排除花土沟机场校飞期间中信标台干扰 1 起，确保了民航校飞工作顺利进行。

五、完成"十三五"规划编制，基础建设取得新进展

与国家无线电频谱管理研究所协作，编制完成了全省无线电管理"十三五"规划，7 月份青海省政府批准实施。《规划》紧密结合青海省实际，从频率台站管理、无线电安全保障、技术设施建设、法规制度建设、人才队伍建设和军地融合发展等六个方面制定了明确的工作任务并提出了 5 项重点工程，结构合理，内容规范，任务明确，重点突出，具有较强的前瞻性和可操作性。在基础设施建设方面，西宁监测综合楼完成主体建设进入装修阶段，黄南监测综合楼完成项目变更和购建工作，已进行内部装修，海西监测综合楼开工建设，海南管理处完成了监测综合楼附属设施建设，果洛管理处完成了监测综合楼维修、改造和亮化项目，在技术设施建设方面，加快推进西宁地区监测网格化、信息一体化平台二期、铁路无线电监测二期、民航机场监测专网的建设。完成了兰新线及青藏线 GSM－R 监测系统、洋子山空间谱测向固定监测站与海东固定监测站（老站）的设备调试安装及设备验收。完成了 4 次招标采购工作，对海西监测综合楼、民航机场智能监测专网、海东考试保障专网、车载电磁环境测试系统和西宁监测网格化等项目进行了采购，招标额度 5772 多万元。

六、注重协调沟通，交流合作更加密切

一是与各州市政府和各有关部门的工作联系进一步加强。省办领导多次赴地方政府和相关部门征求意见，各州市政府领导多次听取管理处工作汇报，并批示协调工作，帮助解决问题，很好地支持了无线电管理工作。公安、民宗、广电、铁路、民航、建设规划和电信运营企业等相关部门在打击"伪基站""黑广播"和非法台站，考试保障、监测专网建设、宣传工作和频谱使用评估专项活动中都给予了大力支持，海北管理处和州广电局建立了广播电视台站规范化管理长效机制。二是军地关系更加密切，加强与西部战区联合参

谋部信息保障局和省军区联系协调，召开座谈会互通信息听取意见建议，协调瓦里关大气本底站雷达频率，与军队监测数据联网共享，积极配合开展重要活动无线电监测保障。三是落实航空专用无线电频率保护长效机制。2016年，省无线电管理办公室 2 次牵头召开保护民航无线电专用频率协调专题会议，省广电局、省广播电视台和民航监管、空管、机场等各方参加会议，会议形成了专题纪要。2016 年，办公室成立课题组就影响民航专用频率展开专题研究，通过实地电测、成因分析，编撰的专题报告于 12 月 7 日通过专家组审定。海东管理处对西宁机场电磁环境进行了四次全频段监测评估。海西管理处协调民航部门和海西州政府出台了《花土沟机场电磁环境保护管理规定》，切实加强对民航专用频率的保护。

七、多措并举开展活动，培训和宣传成效显著

全年举办多层次无线电业务培训班 7 期，培训 350 多人次，邀请省内外 16 家无线电监测和通信技术公司举办了无线电监测技术培训交流活动，选派新近入职的 20 名干部赴国家无线电频谱管理研究所参加培训，选派 25 名技术人员赴成都设备厂家学习监测检测设备操作。各管理处重视岗位技能训练，开展多次监测技术演练，玉树管理处开展"一周一学、一月一讲、一季一练、一年一考"学习活动。举办了第十届全省无线电监测技术演练，在 6 个竞赛项目中，各管理处代表队设备操作、应急处置水平和单兵作战能力都明显提高。在宣传工作中，省办编发信息 40 期，其中在《人民邮电报》《中国电子报》《中国无线电》《青海日报》《西海都市报》和国家无线电管理网站登载 22 篇，制作了环湖赛无线电安全保障纪实画册，更新了网站，建立了基层管理处子网站群，重点向社会展现打击"伪基站""黑广播"专项成果，邀请青海日报、青海电视台、西海都市报、中国新闻社等多家新闻媒体进行了跟踪报道和专访，取得了良好的宣传效果。针对基层管理处宣传规模有限的实际，各管理处积极协调相关部门，组织参与大型宣传活动，扩大了影响，海北管理处制作了《梦幻海北，电波卫士》画册，在全州宗教教职人员培训班上举办了主题为"反'黑广播''伪基站''电信诈骗'"专题讲座。海南管理处在贵德县开展"科普你我同行，助力生态文明"主题宣传活动。西宁管

理处参加了 2016 年西宁市科技活动周大型广场宣传活动，并在大专院校宣传打击考试无线电作弊。玉树州在六县进行电磁环境监测时开展宣传，发放无线电管理宣传手册 500 份、发放藏汉双语宣传单 2000 份。果洛管理处参加了全国"防灾减灾日""全国法制宣传日"宣传活动，油田管理处利用油田信息网络平台和新闻电视宣传"黑广播""伪基站"的危害性，取得了好的宣传效果。

第三节　宁夏回族自治区

2016 年，宁夏区无委办按照工业和信息化部无线电管理局和自治区党委、政府的安排部署，坚持"两学一做"教育，狠抓"五型"（学习型、创新型、服务型、勤廉型、和谐型）机关创建，围绕"三管理、三服务、一突出"总体思路，尽职尽责加强台站监管，坚持不懈推进制度创新，全力以赴保障无线电安全，扎扎实实加强队伍建设，班子经受了考验，队伍经受了历练，服务拓宽了领域，监管提高了水平，各项工作取得新的成绩。

一、"五型"机关建设取得新成效

自治区无委办围绕"五型"机关创建，邀请相关领域专家全方位开展了以公文处理、网络技术、财务管理、软件应用等为主要内容的业务能力培训，成为近年来力度最大的培训；修订完善了公文处理办法等 48 项内部管理制度；以"七规范七提升""六办六不""六看六严"为抓手，开展了"规范运行季""马上就办季""落实细节季"季度主题活动，设定规定动作，提出自选动作，促进办文、办会、办事更加严谨、规范、有序，整个无线电管理系统工作效能得到显著提升。

二、设施建设有了新成果

经过全系统多次修改，于 2016 年 10 月以宁夏区政府办公厅名义印发实施《宁夏无线电管理"十三五"规划》；宁夏区无委办承建的宁夏无线电监测测向系统标准校验场二期项目顺利通过专家验收，并取得中国合格评定国家认可委员会（CNAS）认证，完成在国家 4000 万重点项目验收测试项目和山东、湖北等省无线电监测车上的校验应用；利用固定站和移动监测站累计监测 68837 余小时，上报频谱监测统计报告及数据报表 11 期，完成维护维修 22 次，完成电磁环境测试任务 5 次；在信息化项目建设中引入第三方监理对项目工期进度、质量、投资进行全面科学管控，有效保证了项目质量。

三、监管措施有了新突破

在全国率先提出"闭环式"监管工作思路，制定《自治区无委办无线电频率台站"闭环式"监管工作规范》，并通过信息化手段推动全程应用，被国家无线电监测中心纳入全国台站管理试点省；就教育和水利等行业违规设台问题，通过实地走访、现场执法、季度通报、公函沟通等形式积极对接，取得明显成效；建立《无线电行政执法通报制度》，每季度对全区各行业无线电违法行为情况进行全社会通报，通过"处罚＋通报"模式提高无线电行政执法力度。召开全区三家公众移动通信运营商设台用频情况通报会，对近年来三家运营商违法设台用频行为进行通报，国内各方面媒体进行播报转载，台站管理力度得到明显提升。截至 11 月底，全区无线电设台数量增长至 39922 部，同比增长 16.37%，受理无线电管理行政审批事项 300 件，实现全办结、零投诉。

四、专项任务有了新进展

截至 11 月，共查处"黑广播"14 起，联合公安部门缴获"黑广播"设备 6 套，涉及民族宗教案件 6 起，被工信部简报刊登；共查处"伪基站"17 起，联合公安部门缴获"伪基站"设备 17 套，抓获嫌疑人 3 名，1 起基站诈骗案已进入司法审判程序；共发现违法案件 84 起，其中属不明信号 63 起，进入执法程序处理 12 起，处理干扰申诉 55 起；制定频谱评估专项活动方案，明确任务分工，细化责任到人，完成道路测试总里程 4597.706 公里，范围覆盖全区 5 市建成区，测试面积 1013 平方公里，超额完成全区建成区任务面积163%，圆满完成了宁夏无线电频谱使用评估专项活动。

五、服务保障有了新提升

向自治区级设台单位印发《自治区无委办关于在设台单位确定无线电专（兼）职管理员的函》，建立管理员制度；主动上门服务，高效帮助企业完成光伏用频设台审批；配合中国无线电协会在宁夏举办 C 类无线电操作考试，完成全区 78 个业余无线电台（站）呼号指配；协调有关部门，首次将无线电管理部门纳入环青海湖自行车赛组委会成员。共保障春节、两会、环青海湖自行车赛、中国（吴忠）黄河金岸马拉松赛等各类重大活动节会 35 次，出动人员 137 人次，出动专用车辆 33 台次；协助宁夏教育考试院、宁夏人事考试中心等单位，完成全国高考、公务员考试等 8 类考试保障，出动技术人员 290 人次，移动监测车 91 台次，监测设备 158 套，成功阻断作弊信号 6 起，查获作弊设备 8 套，协助公安部门抓获作案人员 3 名。

六、依法行政有了新作为

开发应用集干扰受理、现场调查、立案处理、处罚执行、案件归档等业务功能于一体的无线电管理行政执法系统，加快推行行政执法的系统化、标准化、流程化和便捷化；与自治区政府法制办深入沟通，向各市管理处依法下放行政审批权和行政执法权，进一步明确执法范围、执法主体、执法程序、执法权限、执法责任；举办了优秀无线电行政执法案卷评比活动，邀请宁夏区政府法制办领导和自治区无委办法律顾问担任专家进行全程评审，并对评选出的 6 件优秀行政执法案卷进行专业性点评，发现了问题，推广了经验，为新《条例》实施后无线电依法行政，规范执法奠定了良好基础。

七、协作机制有了新推进

与公安局、移动银川分公司共同建立了打击治理利用"伪基站"实施电信诈骗违法犯罪活动协作机制，与公安局、市场监督管理局、文化新闻出版广电局联合建立联合打击"黑广播"协作机制；联合公安、广电等部门开展模拟"黑广播"技术演练，通过以"练"代"训"提高技术水平；高考前与公安、消防、武警等保障部门沟通所需无线电频段，共同净化高考保障通信环境；以自治区政府办公厅名义举办了全区无线电协管员及区级设台单位专管员培训班，讨论形成了《宁夏无线电协管工作办法》和《宁夏无线电专管工作办法》，明确在各县设置协管员，由县政府办公室副主任担任，在设台单位设立专管员。

八、宣传工作有了新高度

与宁夏广播电视台两个频道进合作，全天固定时段栏目播报，与宁夏广播电视台、《宁夏日报》等媒体密切联系，明确对口记者。2016年，区内外媒体共采访报道高考保障、环青海湖自行车赛、打击"黑广播""伪基站"等相关工作14次，较上年提高133%；自治区无委办开通《宁夏无线电管理》微信公众平台，发布微信31期信息93余条，通过网站发布信息260余条；"2·13世界无线电日"，在宁夏广播电视台刊播了无线电管理主题公益广告，影响力显著提升；上报国家无线电办公室、国家无线电监测中心简报信息240篇，采用113篇，同比分别增长134%和142%。

九、队伍建设有了新强化

积极争取自治区人社厅和政府办公厅支持，为西部网控中心和自治区监测站公开遴选3名工作人员，为石嘴山市和固原市无线电监测站公开招考2名工作人员，完成了全系17名技术人员拟聘任专业技术职称的初审上报；邀请自治区政府办公厅、国家无线电监测中心和自治区政府法制办等相关单位组织开展公文处理、行政执法、电子政务平台、频谱使用评估、智慧城市等各类培训10余次。

十、党建工作有了新局面

开展党总支换届，调整了分工，明确了领导班子成员分工，按照"一岗双责"实行班子成员AB岗工作制，按要求重新划分确定了8个支部，党组织架构更加完善；通过多种形式开展"两学一做"学习教育，开展理论学习154次、开展专题党课7次，组织各项活动45场、专题研讨14次，制作宣传展板36块；层层签订《2016年党风廉政建设责任书》，明确党风廉政工作责任；印发《关于认真做好廉政风险防范工作的通知》，做到廉政风险可防可控；组织参观自治区纪委廉政警示教育基地，警钟长鸣，防微杜渐；印发《关于贯彻落实直属机关党委关于在政府办公厅开展"三不为"问题专项整治的通知的通知》，对照检查，改进工作作风；走进宁夏军区给水团、独立团开展"走进军营党日主题活动"，学习军队党组织建设和军人敢打硬仗，不怕吃苦的工作作风；深入同心县下马关镇刘家滩村讲解政策、访贫问苦、摸排村情。

第四节　新疆维吾尔自治区

2016 年，新疆无线电管理工作在自治区党委、自治区人民政府和自治区经信委党组的正确领导和工信部无线电管理局的指导下，紧紧围绕新疆工作总目标，努力实践"管好频率、管好台站，管好空中电波秩序，服务经济社会发展、服务国防建设、服务党政机关，突出做好重点无线电安全保障工作"指导方针，不断加强监管能力建设，较好完成了全年各项目标任务，为"十三五"良好开局奠定了坚实的基础。

一、强化政治学习，筑牢"四个意识"

建设一支政治上强、能力上强、作风上强的高素质干部队伍是做好新疆无线电监管工作的基础。2016 年，全区无线电管理系统以开展"两学一做"专题学习教育活动为契机，通过集中学习、个人自学、领导讲学、媒体助学等方式组织学习了习近平总书记系列重要讲话精神以及党的十八届三中、四中、五中、六中全会，第二次中央新疆座谈会，自治区第九次党代会精神，全体干部职工的政治意识、大局意识、核心意识、看齐意识进一步强化，对总目标重要意义的认识进一步深化，战斗力、凝聚力、向心力进一步增强，创先争优的热情愈发高涨。

二、无线电管理"十三五"规划顺利通过评审

新疆无线电管理"十三五"规划编制工作于 2015 年启动，在广泛征求不

同行业及区内外专家意见的基础上，于 2016 年初定稿并通过最终评审。规划在回顾"十二五"期间全区无线电管理工作的基础上，紧紧围绕维护社会稳定和长治久安总目标，抓住建设"丝绸之路经济带核心区"战略机遇，确定了 2016—2020 年全区无线电管理的发展思路和目标，从监测网优化提升、安全保障能力提升、检测能力提升、管理智能化、应急机动力量建设等五个方面明确了建设任务，是今后五年无线电监管事业发展的纲领性文件。

三、以频率资源优势，服务区域发展

截至 12 月末，全区各类无线电台（站）总数已达 13.5 万部（不含军队无线电台站和公众移动通信终端数量）。全区无线电管理机构全年共受理行政许可申请 1093 件，核（换）发频率许可证 516 个，（换）发电台执照 13592 本，报停（废）无线电发射设备 1424 部。对 1158 家被许可单位进行了事中（后）监管检查，核查各类设备 11784 部，对 797 部无线电发射设备进行了技术检测，发现违法设备 1265 部，立案 128 起，结案 102 起，罚款 30000 元，没收无线电发射设备 77 部。收取频占费 979 万元，超额完成全年频占费征收任务 5.29%。

四、加强无线电监测，维护空中电波秩序

全区无线电管理机构强化日常无线电监测，开展对重点业务频段、重点地区的监测与干扰排查，全年累计监测时长 303365 小时，完成监测月报 11 期，排查各类无线电干扰和不明信号 780 起。各地州市充分利用各类监测设施对重要业务、重点频段进行周期性监测与排查，在重要时段、重大节点、重要敏感时期，坚持 24 小时值班监测，特别对民航、铁路、公安等重要频率进行保护性监听监测，及时查找可疑发射信号，防止非法信号对正常通信台站造成有害干扰。乌市局快速处理了乌鲁木齐南山天文台干扰，一天之内关停天文台附近的基站或者调整基站天线、功率等，保证了基地正常科研观测任务的开展。昌吉局不定期前往奇台县开展 110 米射电望远镜项目电磁环境测试，组织召开了关于《新疆奇台 110 米射电望远镜项目无线电宁静区保护办法（草案）》研讨会，为射电天文业务的保护做好前期基础工作。

五、突出安全保障，服务总目标

2016 年，全区无线电管理机构将无线电安全保障作为中心工作，在加大对"伪基站""黑广播"等新型电信网络违法犯罪行为的打击力度，做好反恐维稳无线电用频安全的同时，圆满完成了"第十三届全国冬季运动会""中国新疆第十届环赛里木湖公路自行车赛""新疆首届春季旅游博览会""2016 年丝绸之路国际汽车拉力赛（新疆段）"、第五届中国—亚欧国际博览会等重大体育赛事、国际活动的无线电安全保障工作。

六、积极开展无线电管理宣传工作

全区无线电管理机构积极改变信息传递主要在系统内流转的局面，主动向当地党委、政府及相关部门报送无线电管理工作动态，借势发力，多措并举，扩大影响力。各地州市局结合"2·13"世界无线电日、"3·15"国际消费者权益日、"5·17"世界电信日等活动，将广播、电视、报纸等传统宣传方式与微信、微博、网络、电子 LED 屏等新媒体的现代方式相结合，深入开展无线电管理宣传活动。克拉玛依市局积极推进无线电宣传"进校园"，联合市第一中学开展无线电管理与素质教育相结合的游学教育实践活动，收到了良好的效果。昌吉、哈密、博州等局建立了微信公众号宣传平台，丰富和充实宣传工作内容，建立动态、法规等栏目。新修订的《中华人民共和国无线电管理条例》于 12 月 1 日颁布施行后，全区各级无线电管理机构立即将新条例的宣贯作为重点工作来抓，做到广播上有声音，电视台见图像，报纸上见信息，充分运用新媒体平台，积极展开社会面的宣传，为条例的颁布实施营造浓厚的社会氛围和舆论环境。

七、强化岗位练兵，提升素质能力

为提高全体人员尤其是年轻干部的业务技术能力和应对突发事件的能力，避免出现技术断层和业务能力空心化的现象，2016 年，自治区无线电管理机构认真落实"四型两化"机关建设要求，以"培训工作要务实、演练工作要实战"为抓手，分级分岗分档强化业务培训并建立应急处突演练长效机制。

南疆、北疆、乌昌机动大队分批分区开展专项实战演练暨技能比武，参演人员达 115 余人（次）。

哈密、吐鲁番、昌吉、巴州局成立共建小组，开展了高铁电磁环境保护调研、五五节通联、设备计量校准、三网测试、边境电磁环境测试、卫星地球站专项检查等一系列共建活动，64 人次参加了活动，达到了相互交流学习、开阔视野，共同提高的目的。

八、全国无线电管理座谈会和援疆工作全面展开

8 月 9 日至 10 日，2016 年全国无线电管理工作座谈会暨无线电管理援疆工作会在乌鲁木齐市召开，工信部副部长刘利华、自治区政协副主席刘建新出席会议并讲话。自治区经信委党组书记、主任胡开江在会上作了关于新疆无线电管理工作情况的汇报，自治区经信委党组成员、秘书长贺晓江做了援疆工作专题汇报。工信部无线电管理局、相关省市无线电管理机构就"十三五"期间的无线电管理援疆工作进行了商讨。会议期间，天津市无线电管理委员会办公室与和田地区无线电管理局签署了援助协议，无线电管理援疆工作全面展开。截至 12 月末，全区各地州无线电管理机构共参加内地培训 14 期 97 人，赴兄弟省市参加演练 3 次 13 人；内地省市无线电管理机构到新疆参加演练、测试 5 次 25 人。伊犁、博州、昌吉、吐鲁番、喀什、克州局分别与八个省市无线电管理机构达成了援助意向并开展了双向交流。

九、加强技术手段，提升监管水平

2016 年，全区累计投入 7275 万元用于无线电技术设施建设。主要完成了喀什市网格化无线电监测网、6 座三类固定监测站、2 座一类移动监测站、1 套空中监测站（无人机）、4 套 DDF007 可搬移测向系统、8 套 ESMD 监测接收机、10 套 40GHz 便携式频谱仪的采购，各地州市局结合实际对监测、检测、管制设备开展了升级改造，自治区无线电监管的技术手段从大区制向网格化发展，从平面化向立体化发展，监管能力和水平进一步得到提升。无线电监测校准场完成建设并投入使用，全区信息系统网络设备和视频会议系统设备得到全面升级，广域网电路带宽升级至 10Mbit/s，无线电管理一体化平

台部分系统投入实际应用，无线电监管的保障能力和手段得到进一步加强。

第五节　陕　西　省

陕西省无线电管理局坚持以管理和服务主线，以维护良好空中电波秩序为目标，以频率和台站为抓手，以严厉打击"黑广播"和"伪基站"等非法无线电台为重点，科学管理，狠抓落实，保证了各行业和部门使用频率的需要，为安全顺畅使用无线电通信业务提供了重要保护，为陕西经济建设和社会发展做出了积极贡献。

一、持续开展打击治理电信网络新型违法犯罪专项行动

根据陕西省政府和国家无线电办公室统一部署，省无委会办公室制定了《关于配合公安等部门开展打击治理"黑广播"、"伪基站"违法犯罪专项行动工作方案》，明确了指导思想、工作目标、职责分工和工作要求，全省无线电管理机构按照工作方案，充分发挥职能作用和技术优势，积极配合公安机关，取得显著成效。截至12月中旬，全省无线电管理机构协同公安机关成功查处"黑广播"案件90起，抓9人，刑拘2人，刑处2人，查获设备91套。成功打掉"伪基站"团伙35个，抓85人，查获设备101台。并对查扣的36套涉案"伪基站"设备进行技术功能鉴定，有力遏制了发展势头。

二、认真组织开展全省无线电频谱评估工作

按照工信部统一部署，从4月份开始，陕西省组织开展了无线电频谱评估专项活动，成立了由分管副厅长牵头领导的专项活动领导小组，制定了全省无线电频谱使用评估专项活动实施方案。举办了无线电频谱使用评估专项活动骨干研习班，邀请多个厂商进行设备现场演示、实地测试、技术交流，对比研究专用测试系统与陕西省设备现状异同，探讨评估技术规范，全面掌握测试过程、数据处理、质量控制等工作要求。7月20日完成了卫星地球站信息的核查任务，总计74个卫星地球站信息及现场测试资料上报国家。开展

公众通信频段信道占用度测试和统计，全省共投入固定站 11 个，按照"3天×24小时"的监测要求，固定站共监测 804.5 小时。移动路测工作于 10 月 11 日开始，10 月 26 日结束，参与评估的移动监测车数量为 11 辆，监测总时长 562.15 小时，监测总里程 10376.51 公里，频率涵盖 30MHz—3GHz，采集数据 365GB，城市建成区达到了 100% 覆盖。评估报告于 11 月 7 日上报国家，经检查数据及报告质量符合技术要求。

三、做好重要活动无线电安全保障工作

承担了 2016 年央视春晚西安分会场无线电保障工作，其间，精心组织，狠抓落实，共投入无线电管理人员 22 名，启用 4 个固定监测站，3 辆移动监测车，8 台手持式监测设备，15 台（套）检测设备。共审批无线电频率 88 个，无线电台（站）545 个，涉及卫星传输系统、无线音频通信系统、350MHz 集群通信系统、单兵视频传输系统、无线对讲机通信系统等，抽检设备 45 台，查处无线电干扰 2 个，圆满完成了任务，获省委、省政府通报表彰。圆满完成了春运、两会和 2016 中国杨凌国际马拉松赛事、第十六届中国安康汉江龙舟节主题活动等重要活动无线电安全保障任务。积极做好各类社会考试无线电安全保障，累计保障各类考试 40 次，考点近千余个，累计出动 1316 人次、330 车次，使用监测设备 1111 台次，监测作弊信号 62 个，阻断作弊信号 34 个，查获作弊信号 28 个，抓获作弊人员 8 人，查获作弊设备 30 台（套），有效防范了在考试中使用高科技作弊，维护了考试的公平公正。完成了德国总统、保加利亚议长访问西安外事用频工作。

四、科学管理无线电频率资源

根据需要，组织在全省党、政、人大、政协等部门广泛开展 1.4GHz 政务专网频率需求调研，制定频率规划；对省应急办、西安市公安局在西安市申请建设的 1.4GHz 政务专网进行了多次协调。开展对 1.8GHz 无线接入系统管理现场调研，为城际铁路、西安地铁、商务专网业务发展需要统筹安排频率。组织开展陕西广播电视台移动数字电视（使用中心频率 626MHz，带宽 8MHz）电磁环境评审。为保证森林防火无线电通信畅通，联合省森林防火指

挥部办公室对全省林业系统，从管理制度、电磁环境、技术指标、使用手续等方面开展了无线电安全检查，确保陕西省森林防火通信安全顺畅。结合权利清单和责任清单工作需要，启动陕西省无线电管理网上行政许可审批系统建设，完成方案设计和程序编制，已经上网试运行。做好业余无线电台管理工作，全省参加 A 类应试 460 人、通过 406 人，通过率为 88.3%；参加 B 类应试 76 人、通过 59 人，通过率为 77.6%。

五、加强无线电监测工作

认真落实监测月报制度，严格执行监测任务，及时上报监测月报。全省已累计监测时间 57686 小时。对重点区域和航空、铁路、公安、广电等重点单位重要业务频率实施全时段保护性监测和统计分析，主动排除多起干扰隐患，共受理干扰投诉 76 起，完成 62 起，有效保障了各项重要无线电业务安全顺畅。排查了欧洲空间局土壤湿度与海水盐度（SMOS）卫星在陕西省境内的干扰，取缔了位于西安市永松路、渭南市韩城县、榆林市吴堡县的三个非法无线电干扰源。

六、认真组织无线电管理宣传工作

根据国家无线电管理宣传工作指导意见，精心安排和指导宣传月活动，坚持日常宣传与集中宣传相结合，重点宣传法规政策与普及无线电知识相结合，突出强调重视新形势下的宣传工作，号召人人都是麦克风，加强支撑机构的宣传作用，借助外力，充分发挥协会、学会、业余爱好者的作用，积极推行政府采购、宣传外包的工作机制，提高无线电管理工作的全民认知度。

《2016—2017 年中国无线电应用与管理蓝皮书》由赛迪智库无线电管理研究所编撰完成，本书介绍了无线电应用与管理概况，力求为各级无线电应用和管理部门、相关行业企业提供参考。

本书主要分为综合篇、专题篇、区域篇、政策篇、热点篇、展望篇共六个部分，各篇章撰写人员如下：综合篇：彭健；专题篇：薛楠；区域篇：申冠，袁楠，滕学强，孙关玉；政策篇：滕学强，池卡伦，孙关玉；展望篇：彭健。在本书的研究和编写过程中，得到了工业和信息化部无线电管理局领导、地方无线电管理机构以及行业企业的大力支持，为本书的编撰提供了大量宝贵的材料，提出了诸多中肯的意见和建议。在此，编写组表示诚挚的感谢！

本书历时数月，虽经编撰人员的不懈努力，但由于能力和时间所限，不免存在疏漏和不足之处，敬请广大读者和专家批评指正。希望本书的出版能够记录我国无线电应用与管理在 2016 年至 2017 年度的发展，并为促进无线电相关产业的健康发展贡献绵薄之力。

政 策 篇

第十二章 2016 年中国无线电应用及管理政策环境分析

本章节对 2016 年无线电应用与管理领域影响较大的三个重大事件进行了梳理总结，分析了它们的影响及意义。这三个重大事件包括：中国广电成为基础电信业务运营商、三大电信运营商进一步"提速降费"取消国内长途漫游费、全国无线电管理工作座谈会聚焦频谱管理核心职能。

第一节 中国广电获准经营基础电信业务

2016 年 5 月 5 日，工业和信息化部正式向中国广播电视网络有限公司（以下简称中国广电公司）颁发《基础电信业务经营许可证》，批准中国广电公司在全国范围内经营互联网国内数据传送业务和国内通信设施服务业务，并允许中国广电公司授权其控股子公司中国有线电视网络有限公司在全国范围内经营上述两项基础电信业务。这意味着中国广电正式成为我国第四家基础电信运营商，也将对我国三网融合工作的推进、"宽带中国"战略的加快落实以及电信市场竞争程度的提升产生积极影响。

一、全面推进三网融合的重要举措

三网融合的概念早在 2001 年就开始出现，指电信网、广播电视网和计算机通信网的相互渗透、互相兼容并逐步整合成为有机统一的信息通信网络。全面推广三网融合有利于推动信息通信技术更深层次的创新和更广泛的应用，能够满足人民群众日益多样化的信息消费需求，形成新的经济增长点。此外，全面推广三网融合对于我国在未来全球信息技术竞争中抢占信息技术制高点，以及占领思想舆论宣传的主阵地、保障国家文化安全等方面都有着重要意义。从2010年国务院颁布的《推进三网融合的总体方案》，到2015年国务院办公厅印发的《三网融合推广方案》，都表明了国家层面对推进三网融合工作的重视并给出了具体的工作指导意见。其中，"在全国范围推动广电、电信业务双向进入"作为《三网融合推广方案》主要任务的第一条，其意义重大、任务艰巨。此前，从广电进入电信业务方面的成果来看，截至2015年8月底全国已有超过120家具有广电成分的企业获得了电信业务经营许可。之前广电企业获得的电信业务经营许可都是增值电信业务。此次工业和信息化部正式向中国广电公司颁发《基础电信业务经营许可证》，弥补了广电企业进入基础电信业务的空白，标志着电信业与广电业之间的双向进入有了进一步的实质性进展。

二、助力"宽带中国"战略顺利实施

随着信息通信技术的快速发展和互联网用户数目的激增，人们对于网络传输的速率和稳定性的要求更高，网络的宽带化应用成为主流趋势。鉴于此，目前世界上已有100多个国家提出了本国的宽带战略。我国于2013年发布了《关于印发"宽带中国"战略及实施方案的通知》，对我国宽带基础设施建设做出系统规划和部署。在"宽带中国"战略实施近两年的时间里，根据宽带发展联盟发布的第11期《中国宽带速率状况报告》，2016年第一季度我国固定宽带网络下载速率达到9.46Mbit/s，为2013年同期网络下载速率2.93Mbit/s的3倍多。尽管我国网络的宽带化进程取得了可喜的成绩，但不容忽视的是，我国固定宽带速率存在"东高西低"、城市与农村差距大等问题，并且由于基础电信设施的投入大、回报周期长，而目前中国移动、中国联通和中国电信三大基础电信运营商在4G方面的投入较大，其在固定宽带方面的投资必然会受到影响。在此背景下，中国广电获得固定宽带许可后，能够充分利用自身广播电视网覆盖广的优势，通过加强网络建设及技术创新，进一步整合全国有线电视网络。鉴于目前城市固定宽带服务较为饱和的情况，中国广电应首先在宽带建设相对薄弱的农村地区发展固定宽带业务，一方面能够与原有的三大基础电信运营商形成差异化竞争的局面；另一方面能够补齐农村固定宽带服务薄弱的短板，助力"宽带中国"战略的顺利实施。

三、促进电信业更充分的竞争

多年来，政府主导电信行业进行了多轮改革：从 1994 年中国联通成立，到 2008 年国内 6 家电信运营商合并重组为 3 家全业务运营商。在经历多次改革重组后，国内的电信业有了长足的发展，同时国内电信市场的竞争力度也得以加强。但不可否认的是，受到行业准入限制，目前我国其他企业一直徘徊在电信的增值业务领域，网络设施和基础电信业务领域一直为三大电信运营商所掌控，包括民间资本在内的其他企业鲜有进入其中的机会。截至目前，我国在移动通信转售业务上取得破冰，工信部前后发布了五批试点批文，获得试点批文的民营企业共有 42 家。尽管如此，移动通信转售业务实际上仍然属于增值电信业务的范畴，即其他企业仍然无法进入基础电信业务。并且就目前移动转售企业的发展情况来看，根据工信部公开的数据显示，截至目前，我国虚拟运营商用户数超过 2800 万，这一数字与三大基础运营商的 13 亿用户数相差甚远。可见我国移动转售企业并未对三大基础电信运营商形成有力冲击，其中有诸多原因，但其中不可忽视的问题就是移动转售企业天然"依附"于基础电信运营商，导致"批零倒挂"等问题的产生。相较于移动转售企业，中国广电这次取得的是固定宽带业务完整牌照，可以不用租用传统三大运营商的基础网络。并且中国广电拥有广泛有线网络覆盖的优势，特别是在投资回报率低的农村地区，更容易产生"鲶鱼效应"，从而加快提升农村地区的整体宽带基础水平和服务水平。通过更充分的市场竞争，我国电信业市场将会更健康持续发展，而"提速降费"的落实又必将有效带动国内的信息消费，发挥其在互联网经济中的杠杆作用。

第二节　运营商进一步提速降费
　　　　宣布取消国内长途漫游费

为适应互联网和新兴产业的发展需要，落实习总书记提出的让亿万人民在共享互联网发展成果上有更多获得感。国家多次提出电信运营企业应依靠商业结构调整和商业模式变革，转变经营发展模式，实现提速降费。经过长期准备，截至 2016 年 8 月 18 日，三大运营商已全部宣称将在年内取消手机长途漫游费。

一、主要内容

漫游费产生于 20 世纪 90 年代，由于当时我国东西部地区电信基础设施发展严重不均衡，基础设施建设的情况不同，东部省份移动电话的资费低于西部地区。由于移动网络的便捷性，很容易导致西部地区用户在"东部沿海城市开通业务、使用西部网络"的情况出现。漫游费的出现，在一定程度上平衡不同地区运营商之间的成本和收益。随着技术及网络的不断升级换代，漫游成本快速下降，传统语音业务收入已落后于流量收入，取消漫游费已成大势所趋。

2016 年 7 月 15 日，中国电信集团董事长杨杰宣称，2016 年中国电信将逐步取消长途漫游费，并将率先推行全流量计费，即电话、短信折合为流量，统一计费。

2016 年 8 月 12 日，在中国移动中期业绩发布会上，中国移动总裁李跃宣布，预计 2016 年底停止销售所有长途漫游套餐。

2016 年 8 月 18 日，在中国联通中期业绩发布会上，中国联通董事长王晓初宣布从 10 月 1 日起，联通将取消国内长途漫游费。

从技术层面讲，实现全面取消国内长途漫游费并无大的问题，但由于现有管理手段落后，各大运营商在地方政策上各不相同，突出体现在各地移动电话套餐价格有所不同。如果用户利用在全国范围内取消长途漫游费的便利条件在话费较高地区大量使用话费价格较低地区的电话卡通话，就有可能会导致运营商内部得恶性竞争，扰乱市场秩序。另一方面，取消全国长途漫游费，运营商收入将受到一定影响。以中国移动为例，目前长途漫游费在中国移动的语音业务中大概能占到 20%，而语音业务占整体业务收入的 37%，这样算来长途漫游费的收入占比就相当于整体营收的 7% 左右，因此取消长途漫游费对运营商营收和利润率的提高会产生一定的影响。

二、意义和影响

(一) 减少通信资费

当前全国各地的不同地区的人员往来交流日益频繁，异地上班，长途出差，求学已成常态，不同地区间通信量大幅增长。当前大多数地区的 2G 和 3G 预付费用户国内漫游主叫费用为 0.6 元/分钟，被叫 0.4 元/分钟，高昂的漫游成本直接导致生活成本的增加。一直以来，长途漫游费困扰着大量跨区域活动的用户，如果能在全国范围内取消长途漫游费将大大减轻异地用户的通信负担。以京津冀地区为例，截至 2015 年底，共有 1.17 亿移动电话用户，免除移动电话长途漫游通话费后可以给京津冀三地用户减轻 50 亿—60 亿元的通信费用。

(二) 促进全国经济发展

在以经济建设为中心的大背景下，人员间的异地流动日益频繁，取消漫游费不但有助于降低区域间的社会经济活动成本，而且可以显著提升区域间协同发展的潜力和经济水平。促进区域通信能力整体提升，促进公共信息资源的互通和共享，促进区域经济融合和发展，提高人民群众生活水平。进一步应用信息通信技术、开发利用信息资源、促进信息交流和知识完全共享，促进企业间的合作，进而优化生产体系、提高生产率及客户响应速度。加快人流、物流、资金流和信息流的流动速度，实现对资源的优化配置。取消漫游费是大势所趋，亦符合国家战略布局。

(三) 顺应产业发展趋势

取消漫游费在技术上的困难已经不复存在。并且，取消漫游费降低通信成本，还可能为我国尽快实现"互联网＋"，实现大众创业、万众创新做出贡献。取消漫游费是实现"提速降费"的目标一项重要举措。美国从 2007 年就没有国内漫游费了，欧洲拟于 2017 年取消漫游费。京津冀地区已经率先于 2015 年取消了长途漫游费，为全国做出了积极的示范作用。全面取消国内漫游费对运营商来说，虽然在一定程度上减少了收入，但一方面可带来更多的通话费用收入，同时有利于挽留因跨区域通信成本过高而造成的消费群体流失。

（四）激发经营方式改革

取消长途漫游费，不会对三大运营商的整体收入形成大的影响，因为现在部分3G、4G用户套餐已经是免漫游费的，漫游费的收入对于运营商来说，已经不属于主体收入；另一方面，免除长途漫游费可以大幅增加用户数量，推动数字流量业务的发展。当前，流量的爆发式增长已成为不可逆转的趋势。移动电话通话量持续下滑，国内漫游通话量增速继续回落。面对这种情况三大运营商已不能按照原有商业模式经营，为了实现营业收入增长，必须创新经营发展方式。

三、措施建议

（一）顺应发展需要，引入新增长点

为了使在全国范围内取消长途漫游费能够得到稳步的推进，除了运营商应该制订切实可行的推进计划，避免区域间和运营商间的恶性竞争以外，尤其是要引入新的增长点，减少由于取消长途漫游费而产生的经济损失。随着技术的进步，4G网络逐渐向5G过渡日趋明显。物联网、工业互联网等新技术不断涌现和应用。信息服务业正从普通用户向工矿企业等高价值用户延伸，使得运营商客户的客户群体分布从个人、家庭、企业向新的基于人人相通、人物相通、物物相通的新场景转变。因此必须为即将出现的大视频、物联网和大ICT等新的运营模式做好充足的准备，建立新的业务增长点。

（二）转变经营模式，打造产业链和价值链

当前，流量正代替语音成为新的增长点，但在不久的将来，随着大数据、云计算和物联网等的大量应用，除了数据流量服务以外，基于信息技术的数据增值业务将成为运营商们更重要的收入增长点。此外，除了保持信息技术开发能力的领先外，打造、维系和控制产业链与商业价值链也必不可少。尤其是，运营商应该在已经较为成熟的智能终端定制和销售领域，增强智能终端的数据增值业务对数据业务的支撑和市场拓展能力。

（三）差异化经营，注重服务质量

满足客户个性化需求，细分客户形成差异化营销服务。在细分客户价值

方面应突出体现客户细分的目的是为了对客户进行差异化分析，针对不同消费层次客户的需求，做出差异化的服务或措施，通过分析不同价值客户群体的消费需求，采取不同的差异化的服务或营销活动。顺应时代发展需要，分析差异化客户的变化趋势，挖掘其中的潜在规律，并研究其中出现的新特征，从而及时挖掘和识别潜在价值高的客户群，不稳定客户群特征、不活动客户群，根据客户的变化情况提供不同的服务，以高质量的服务满足客户需求。

第三节　全国无线电管理工作座谈会
聚焦频谱管理核心职能

全国无线电管理工作座谈会于 2016 年 8 月 9 日至 10 日在新疆乌鲁木齐市举行。这是无线电管理领域一次重要的工作会议。工业和信息化部副部长刘利华出席会议并讲话。他指出，新一轮科技革命和产业变革与我国加快转变经济发展方式形成历史性交汇，移动互联网、物联网、云计算为代表的新一代信息技术与传统产业深度融合，特别是新一代信息技术和工业融合发展呈现新趋势，对无线电频谱资源管理和秩序维护提出了新挑战，使频谱资源结构性紧缺问题更加突出。刘利华提出，当前无线电管理首先要做好频率管理精准性和精细化。座谈会上，工信部无线电管理局副局长阚润田围绕如何聚焦主业，做好频谱资源管理作了主题讲话。

一、频谱资源短缺问题是当前无线电管理面临的核心挑战

频谱短缺是由于频谱资源有限而信息经济社会对频谱资源的需求不断增长导致的。当前，无线电技术呈现出快速更新换代和加速渗透的特点，频谱资源对于整个国民经济的支撑作用日益广泛和深入，社会经济发展对于频谱资源的依赖和需求也迅速增长。首先，技术的快速更新形成日益丰富的无线电新产品新应用，催生出大量新产业或新业态并引领整个信息技术产业步入无线、移动、宽带、泛在的新阶段。这些无线电新产品新业态普遍需要频谱资源的支撑。其次，无线电技术应用加速渗透，通过与其他领域技术的深度

融合，正引起各行业生产方式发展模式的深刻变革。这种对传统产业的改造和融合也可能产生对于频谱资源的新需求，特别是在新旧技术交错的时期。在既定的技术条件下，频谱资源是一种有限的战略性资源。最后，网络强国、制造强国等一系列国家重大战略的实施对频谱资源提出新的需求，各部门、各行业也希望拥有更多的频谱资源提供支撑。与此同时，无线电频谱资源结构性紧缺问题更加突出。低频段拥挤不堪、高频段开发不足，不同业务用频矛盾逐渐加剧，频率规划协调难度不断加大。阚润田表示，"面对这些新情况和新问题，以往的经验不可能完全适用，这考验着我们的管理智慧，也倒逼我们创新管理方法"。当前，频谱资源短缺特别是结构性紧缺问题是无线电管理工作面临的长期性的重大挑战。

二、解决频谱短缺的思路

解决频谱资源短缺主要有三个途径，即开发利用新的高频频谱、开发更高效的频谱资源利用技术和管理上提升频谱资源使用效率。

（一）开发中高频频段

当前，5G技术及新兴的车联网等技术纷纷把目光聚焦在中高频段上。鉴于5G技术对于频谱资源的巨大需求，在国际电联 WRC – 15 大会上，各国对于5G频段进行了激烈讨论，对6GHz以上的频率明确了24.25—27.5GHz、37—40.5GHz等11个候选频段。欧盟委员会无线频谱政策组（RSPG）于2016年11月10日发布欧洲5G频谱战略，确定5G初期部署频谱。建议将24.25—27.5GHz频段作为欧洲5G先行频段，建议欧盟在2020年前确定此频段的使用条件，建议欧盟各成员国保证24.25—27.5GHz频段的一部分在2020年前可用于满足5G市场需求。2016年7月，FCC美国正式公布将24GHz以上共约11GHz的高频段频谱用于5G移动宽带运营的新规则，这使得美国成为世界上首个将高频段频谱用于提供下一代移动宽带服务的国家。车联网方面，目前我国用于实验的频率是5.9GHz频段，同时启动车用77—81GHz毫米波雷达无线技术和频率划分研究试验工作。

（二）研究新的更高效的频谱利用技术

目前有三种重要的技术引起业界广泛关注：一是超宽带（UWB）技术，

它可以用于近距离高速数据传输，近年来国外开始利用其亚纳秒级超窄脉冲来做近距离精确室内定位；二是基于认知无线电技术（Cognitive Radio，CR）的频谱共享技术。基于认知无线电的频谱共享是在不改变现有频谱分配总体结构下，通过协议授权由两个或两个以上用户共同使用一个指定频段的电磁频谱以提高频谱使用效率，包括授权共享和免授权共享两类。认知无线电关注于整个频段资源的整体利用情况，其核心思想就是使无线通信设备具有发现"频谱空洞"（在空域、时域和频域中出现的可以被利用的频谱资源被称为"频谱空洞"）并合理利用的能力，从而提高整个频段的平均频谱利用率；三是超窄带技术（UNB），能够在极窄的信道带宽里进行高速率数据的传输，它主要是通过更高效的调制方式来获得在单位频带内具有更高速传输码率的能力，由于功率谱密度极低，较易与其他系统共存，可以充分利用频谱资源。

（三）从管理上提升频谱资源使用效率

这是无线电管理部门的重要职责和任务。随着无线电新技术新应用的增多，当前频率管理正在精确性和精细化上下功夫。各地方在制定频谱资源规划和分配时要从地方实际需要出发，平衡好当前发展和今后发展的用频需求，统筹协调新技术新产业发展和传统产业转型升级的需要。其次，频谱管理需要进一步加强事中和事后监管。要大力加强执法队伍建设，加强宣传力度，提升全社会依法用频设台的认知度。2016年开展的全国无线电频谱使用评估专项活动就是一项加强频谱监管力度的重要举措。国外经验表明，频谱评估对于夯实频谱管理基础、提升频谱使用效率具有显著的作用。最后，为适应频谱共享的大势，需要创新频谱管理模式。一是要修改频谱需求预测模型。应用频谱共享技术将使频谱使用场景、用户行为和技术模式有所不同，现行频谱预测模型的业务类型、场景、容量、速率等因素都将会更加多样化，频谱效率也将产生差异。二是改进频谱规划的方式。相比传统规划，频谱共享规划要复杂得多，要从传统频谱切割转向时间、地区和频率的三维立体规划。相应频谱兼容分析的多样性和复杂性将进一步增加。三是频谱共享分配模式需要进行创新。与传统静态独占分配模式不同，频谱共享需要分配动态连续带宽并管理多级用户。未来无线电新技术新应用的频谱分配很可能采取部分独占频段与部分共享频段相结合的方式，满足频谱数量需求的同时，又考虑到信息安全保障的频谱需求。相应的频谱分配模式、牌照授权与管理模式都将发生变化。四是改进频谱监测与评估。频谱共享将引入多种多样的频谱技术，加大频谱监测难度，为此需建立新的频谱效率度量方法，加强监测能力建设。

第十三章 2016 年中国无线电应用及管理重点政策解析

本章节对 2016 年影响我国无线电应用与管理的三个重要政策进行了解读，主要包括：《关于 400MHz 频段专用对讲机频率使用有关事宜的通知》、工信部《智能制造试点示范 2016 专项行动实施方案》《中华人民共和国无线电管理条例》（修订），分析了政策出台的背景和原因，提出了政策要点和意义。

第一节 《关于 400MHz 频段专用对讲机频率使用有关事宜的通知》解读

对讲机是一种双向通信的移动工具，它不需要任何网络的支持就可以通话，不需要话费，适用于相对固定且频繁通话的环境中。现行对讲机按设备等级分类，可分为业余无线电对讲机和专业无线电对讲机两种。专业无线电对讲机大都使用在团队活动的专业业务中。因此，专业无线电对讲机在设计时都留有多种通信接口供用户作二次开发。使用者无法改变频率，用频的保密性和稳定性较好，可靠性都较高。专用对讲机广泛分布于政府部门、公共事业单位、交通运输业、服务业、文化和体育类用户、生产制造类用户和其他使用对讲机的用户，包括监狱、抢险救灾、科学研究和地质勘查、信息传输、金融等领域。

我国对无线电对讲机的用频和设备设计制造进行了严格的规定。2000 年以来，工信部先后发布了《关于 400MHz 频段无线接入系统使用频率的通知》（信无函〔2004〕85 号）和《工业和信息化部关于 150MHz、400MHz 频段专用对讲机频率规划和使用管理有关事宜的通知》（工信部无〔2009〕666 号），

195

它们是400MHz频段（403—423.5MHz）对讲机用频的指导性文件，对对讲机频率的使用范围、方式和对讲机的各种参数做出了详细的规定，对提高专用对讲机频谱资源利用率，减少同频干扰，促进专用对讲机的应用和推广，助力专用对讲机产业的发展起到了关键性的作用。然而，随着无线通信技术的快速发展，频谱资源极度短缺，不同用频设备间的邻频干扰不断出现出现，原有频率规划和分配方式已不适应应用发展需要，需要不断地进行及时的补充和调整，因此为了减少专用对讲机在406—406.1MHz频段对低功率卫星应急示位无线电信标间的干扰，工信部最新发布了《关于400MHz频段专用对讲机频率使用有关事宜的通知》的征求意见稿。

一、出台背景和内容

2014年3月8日，从吉隆坡国际机场起飞前往北京的马来西亚航空公司MH370航班搭载着227名乘客和12名机组人员（其中有154名中国乘客），起飞后不久，该航班便突然与地面控制塔失去联络。后虽经多方搜寻，除2015年7月在印度洋的法属留尼汪岛海滩发现一块疑是飞机机翼残骸外，飞机至今仍然下落不明。在失联客机设计之初，驾驶舱、客舱及前后门处均装有四个卫星应急无线电示位标 – EPIRB。卫星应急无线电示位标 – EPIRB是一种自带电源自动报警设备，它只要一着水就会发出应急求救信号，将信标中已写好的本机信息以及当前位置发射出去，该信号被卫星接收到后，会立即传送到相应国家的RCC – 搜救中心，确定遇险位置和遇险目标，启动搜救程序，进行营救，但是这四个信标均未启动，或者信标启动后受到外界用频干扰未被卫星探测到。受这一事件影响，为了保护406—406.1MHz频段内的低功率卫星应急示位无线电信标信号减少其与专用对讲机间的相互干扰，工信部最新发布了《关于400MHz频段专用对讲机频率使用有关事宜的通知》的征求意见稿，通知规定在405.9—406MHz和406.1—406.2MHz频段不再进行新的专用对讲机频率指配，以减少对卫星应急示位信号的干扰。

二、建议和措施

我国是全球对讲机使用量最大的国家，为了更好地促进专用对讲机的应用和推广,不但国家无线电管理局需要及时调整和出台用频政策,而且各级无线电管理机构和用频单位更应该根据实际情况,在管理和执行层面注重对讲机频段在重大活动和应急情况下的保障,合理进行分区域的频率复用,及时解决不同业务专用对讲机频率的共享问题。

(一) 满足重大活动和应急指挥情况下专用对讲机用频的使用需求

严格按照工信部无〔2009〕666号文件规定,充分考虑重大活动和应急情况下对讲机频率的使用需求。各省省内和省际遇有临时性重大活动和应急使用需求等情况下,需向国家无线电主管部门申请使用国家无线电主管部门在150MHz,400MHz频段内掌握的国家专用频率,严禁任何单位或个人擅自使用该部分国家预留频段。

(二) 充分发挥各级无线电管理机构的管理作用

我国地域幅员辽阔,经济发展不平衡,各个行政区域对讲机用频情况不尽相同,根据各级行政区域对讲机使用和管理的特点,各省级无线电管理部门应掌握一部分专用的对讲机频率,用于各省级行政管理区域内和相邻行政管理区域的指挥调度,以使专用对讲机频率规划具有自主性和灵活性。各省级无线电管理部门在使用划分给本省的频段时,必须制定相应的实施方案和管理办法,并上报国家无线电管理局。

(三) 满足不同业务部门开展联合行动共享专用对讲机频率

当发生重大突发事件或者所在区域举行全国性或国际性重大活动时,需要不同的业务部门联合行动,参与指挥调度,统一使用专用对讲机频率,因此各级无线电管理部门应保留适当的专用对讲机应急频率,满足各相关部门使用共用专用对讲机频率进行统一的指挥调度,满足开展联合行动的需要。

(四) 加强分区域的频率复用

近年来,我国部分省区经济发展迅速,特别是珠江三角洲等地区,这些地区对150MHz,400MHz频段专用对讲机频率需求量很大。但大部分用户仅在本地区使用专用对讲机,所以可以将部分专用对讲机频率在区域之间进行频率复用,区域内部分频率也可以进行频率复用。因此,受150MHz,400MHz频段专用对讲机频率资源限制,在保证重点业务对讲机频率使用不受干扰的基础上，应进行分区域的频率复用，提高频谱使用效率。

第二节 《工信部印发〈智能制造试点示范 2016 专项行动实施方案〉》解读

为了贯彻落实《中国制造 2025》，提升我国实施智能制造工程的发展，工信部总结了 2015 年实施智能制造试点示范专项行动，于 2016 年 4 月 11 日，下发了《智能制造试点示范 2016 专项行动实施方案》（以下简称《实施方案》），正式启动了智能制造试点示范 2016 年专项行动，目的在于加快两化深度融合的步伐、加速我国制造业的转型升级以及提质增效，达到提升我国整体发展质量和效益。制造业是国民经济的支柱产业，是衡量一个国家综合经济实力和国际竞争力的重要标志。大力发展制造业，对我国实施实现百年强国梦、加快经济转型升级具有十分重要的战略意义。

一、制定《智能制造试点示范 2016 专项行动实施方案》的必要性

就目前的情况来说，制造业自动化、机械化、信息化、电气化的局面并存，不同企业、不同行业、不同地区发展极其不平衡，还存在智能制造业的基础薄弱、主要的关键技术装备依靠进口、新模式的推广极其缓慢等突出问题。而就国际当前的形势来说，智能制造业掀起了一场产业革命，制造业的智能化、网络化、数字化是大势所趋。因此，该《实施方案》对于落实《中国制造 2025》以及提升我国智能制造业的整体实力有着至关重要的作用。"十三五"期间，我国需重点攻克制造业关键技术装备难题、做好智能制造基础支撑、加快推进智能制造新模式的发展以及推进十大重点领域智能制造的集成应用等难点。《实施方案》是为了加速我国智能制造业提质增效以及升级转型的重要举措，它必能加速我国经济增长的速度，促使我国抢占新一轮产业竞争制高点。

二、制定《智能制造试点示范 2016 专项行动实施方案》的依据

制造业是国民经济的主体，是强国之基、兴国之器、立国之本。在 2016 年 3 月份召开的全国两会上，我国提出了《中国制造 2025》+互联网的发展方针。其中，《中国制造 2025》提出三个目标步骤为《实施方案》提供了有力依据和指明了发展方向。而随着《实施方案》的落实，能够进一步使我国从工业大国到工业强国。这也给我国的工业互联网带来一个崭新的契机，互联网已从金融、消费等行业向着制造业渗透，它能显著提高工业运营的质量和效率。智能制造 2016 专项和机器人"十三五"规划的先后出台，紧跟我国此前对行业政策预期的步伐。简言之，要实现中国梦和"两个一百年"的奋斗目标，必须有强大的制造业做支撑，《实施方案》的推出契合了这个根本要求。

三、《智能制造试点示范 2016 专项行动实施方案》的总体思路和目标

《实施方案》的总体思路是通过试点先行，加快提升我国制造业关键技术、装备以及工业互联网创新能力，促使智能制造新模式形成和推广，逐步形成关键领域多种智能制造标准。它是基于继续坚持我国 2016 年统筹规划、立足国情、分类施策、分步实施的方针，这有助于进一步扩大区域和行业的覆盖面，进一步调动企业积极性、推动智能化持续增长以及有效提高基础和环境。

《实施方案》的主要目标有两点。一是在智能传感与控制装备、增材制造装备等五大关键技术装备上，形成以及推广智能制造的新模式。二是遴选 60 个以上智能制造试点示范项目。其目的在于试点示范项目通过 2 到 3 年的努力，实现一点程度上的降低运营成本、提高生产效率、缩短产品研制周期、提高能源利用率、降低产品不良品率。

四、《智能制造试点示范 2016 专项行动实施方案》包含的主要内容

《实施方案》实际上聚焦了制造业的关键环节点，在有基础、有条件的重

点地区、行业上选择试点示范项目，通过试点示范流程型智能制造、离散型智能制造、远程运维服务、大规模个性化定制以及网络协同制造的五种新兴和新型模式。而《实施方案》又提出在配合专项行动的实施的过程中，将遴选60个以上智能制造试点示范项目。试点项目示范作用在于提升工业互联网以及五大关键技术装备的创新能力。同时，《实施方案》还部署了重点领域智能化的改造工作、智能制造综合标准化体系的建设、智能制造网络安全保障体系的建设、智能制造试点示范项目的集中展示以及先进智能制造的经验交流与推广等重点工作。

五、《智能制造试点示范2016专项行动实施方案》的内容亮点

第一，《实施方案》中将稀土材料行业划归于流程制造领域，并且稀土材料行业还涉及重点领域的智能化改造工作。2016年2—12月，《实施方案》明确指出在有色金属、石油化工、稀土材料、船舶、钢铁等行业，将参与重点企业生产线、工厂和关键环节的智能化改造工程，首先形成智能化的新标准与新模式系，其次孵化出一大批解决方案的供应商，最后进行复制和推广。第二，依据《实施方案》中的规定，在流程制造领域我国将集成创新与应用示范智能化工厂，重点领域的制造企业争取在产业链管理、工艺优化、资源配置、过程控制、安全生产以及节能减排等方面在智能化水平方面有显著提升。

第三节　《中华人民共和国无线电
管理条例（修订）》解读

互联网是现代经济社会的基础设施，无线电是网络基础设施的重要组成部分。充分发挥无线电的应用价值，依法依规管理无线电，更好地为我国经济社会发展和人民群众生产生活服务，是当前我国贯彻实施网络强国建设的重要内容。这次《无线电管理条例》（以下简称《条例》）修订，在卫星无线电管理和无线电信息安全管理两个方面进行了扩展，这都是以法制加强无线

电管理和利用，从而保障网络强国建设的重要措施。

一、增加的主要内容

在无线电监管内容方面，增加了卫星频谱的监管。网络强国战略要求构建新一代信息基础设施，形成万物互联、人机交互、天地一体的网络空间，而卫星频率和轨道资源的合理规划利用是"天地一体"网络空间构建的关键。原无线电管理条例制定时，我国的卫星通信事业尚处于发展初期，在轨卫星数量少、应用较为单一，卫星频率和轨道资源的国内和国际规划协调需求并不明显，因此条例中并未包含卫星无线电频率管理相关内容。近年来，我国卫星通信事业取得了长足的进步，在轨卫星已突破 100 颗，频谱资源日益紧张，卫星频率和轨道资源的国际协调需求逐步增多。另外，为了实现构建天地一体通信网络的目标，新一代移动通信、物联网、空间互联网等业务的开展迫切需要对于卫星无线电频率管理进行立法予以规范。《条例》增加了卫星无线电频率管理内容，对于取得卫星无线电频率的方式、我国与境外卫星无线电频谱的使用、卫星无线电频率使用的可行性论证、卫星网络的管理等方面进行了清晰的规定，为网络强国战略下卫星信息基础设施建设提供了法律支撑。

在信息安全保障方面，加强了无线电利用的信息安全管理。信息安全是网络强国战略的生命线，无线电作为信息传输的最主要的媒介之一，其安全保障是信息安全保障的一个关键。在信息网络向万物互联迈进的同时，新技术的应用也催生了无线电犯罪手段的升级。"伪基站"不断向小型化和移动化发展，产生了车载式、背包式，甚至利用手机 APP 的违法犯罪形式；车联网的兴起使得干扰汽车遥控器的犯罪形式可能升级为通过无线电技术远程劫持控制汽车，给个人和公共安全带来极大威胁；重大活动频繁，并且无线电技术应用密集，无线电安全保障的难度越来越大。针对无线电安全的新形势，《条例》从无线电台站选址、电磁环境保护、防治电磁环境污染、无线电监测和评估制度以及监督检查制度等方面进行了制度设计，抓源头、管过程、查干扰，为无线电安全提供了事中事后的全方位法律保障。

二、《条例》修订是促进信息化领域军民融合发展的战略措施

信息化领域的军民融合是我国国防建设的必由之路。现代战争是信息化战争，以无线电为代表的信息技术贯穿国防建设全程全领域。目前世界各国的武器装备信息化程度越来越高，各种新体制雷达、通信、电子战装备不断投入使用。这些新型信息化装备及其利用，往往用频机理复杂，并且频带宽、灵敏度高、功率大，对于频谱资源的使用要求较高。另外，卫星在信息化战争中的作用益发凸显，战场空间向太空延伸，在"星球大战"的作战场景下，卫星无线电频率将成为左右战争胜负的关键战略性资源。

《条例》修订顺应了无线电领域军民融合的大趋势。近年来，我国民用无线电技术飞速发展，特别是移动通信领域，短短 20 多年，从 1G "大哥大"时代的模拟系统历经 2G、3G，发展到 4G 技术大规模应用，传输带宽大大增加，4G 传输速率达到上百兆，约是 2G 的 100 倍。除了传输带宽外，用户规模也增长迅速，据工信部 "2016 年 8 月通信业主要指标完成情况"，截至 2016 年 8 月，我国移动电话用户已突破 13 亿大关，移动互联网用户超过 10 亿。技术的发展和用户规模的增加使得原本有限的频谱资源更加紧缺，随着"宽带中国""互联网 +"行动计划等国家战略的实施，可以预见民用频谱资源的需求将更加旺盛，并且物联网、5G 等新技术有着向更高频段发展的趋势，将会和军事频谱应用产生更多的重叠，军民共享无线电频谱资源将是大势所趋。这次《条例》修改，深化了无线电管理领域军民深度融合和部门协作，完善了军地无线电（电磁频谱）管理协调机制，密切与广电、民航、铁路等部门无线电管理机构的联系，兼顾加强集中统一领导和发挥行业系统优势，强化无线电管理合力。

《条例》修订完善了无线电领域军民融合的统一领导、协调合作的机制。国家"十三五"规划纲要明确提出推进军民融合的发展思路，国防科技工业正逐步向民营企业开放，民用技术与军用技术的界限越来越模糊。因此，面对同样稀缺的频谱资源，以及逐渐融合的无线电技术体制，迫切需要建立完善的军民协调机制，以保障军民频谱的有序使用，促进军民融合发展。《条例》明确了无线电管理工作必须实行统一领导、统筹规划、分工管理、分级

负责的原则。国家无线电管理机构在国务院、中央军事委员会的领导下行使对全国无线电管理工作的组织、计划、协调、监督等，通过制定方针、政策、法规以及一些重要文件实行具体领导。凡是有关无线电管理的重要问题，如无线电管理的体制问题、组织机构建设问题、法规建设等重要问题都必须始终坚持在国家的集中统一领导下，有组织、有计划、有步骤地进行，不允许我行我素，各自为政的现象存在。《条例》还规定了军地建立无线电管理协调机制，为构建机制融合、技术融合、标准统一的信息化军民融合体系提供了法理依据和实施道路。

三、《条例》修订也是深化无线电管理体制改革的重要举措

由于频谱资源的稀缺性和无线电应用量大面广的特殊国情，我国无线电频谱资源的分配主要采用行政审批方式。当无线电频谱资源供大于求时，采用行政审批方式能够实现不同用户对于频谱资源的有效共用。随着无线电技术的发展和越来越广泛的应用，频谱资源使用的供需结构发生了根本性变化，频谱使用需求远远大于可供分配的频谱资源供给。在这种情况下，单一的行政审批、单一的监管监测方式便暴露出了种种缺陷，出现部分频谱使用率过低、很多新兴应用难以获得频谱、缺乏频谱使用优化的激励机制、无线电监测难以全覆盖等很多问题。无线电管理体制的改革势在必行。

目前，针对采用行政手段进行无线电管理的方式与无线电技术应用现状的矛盾，欧美等发达国家以及印度、墨西哥、南非等发展中国家相继将市场机制应用到无线电管理当中，利用拍卖的手段来解决供需矛盾。以英国为例，英国频谱管理机构电信管理局（Ofcom）在 2000 年采用行政手段划分频谱的方法占比为 96%，至 2010 年底，该局将大部分行政频谱划分方法转换为市场方法，市场方法占比提高至 70% 左右。除了拍卖方式以外，英国、美国、澳大利亚等国家在市场化方面更进一步，已经开展了部分频谱交易的业务。

我国在无线电管理市场化方面也曾经做过相应的尝试，2001 年至 2004年，针对 3500 兆赫兹固定无线接入系统频率使用权的分配，国家无线电管理局选取北京、上海、广州、深圳等 36 个城市进行了试点工作，分批采用评选招标方式，分配给电信、网通、移动等中国内地九家电信运营企业，取得了

较好的实际效果和社会反响。但是，由于缺乏立法支持，我国无线电管理的市场化未能形成长效机制，难以适应日益紧缺的频谱资源态势。

《条例》增加了无线电管理的市场化手段。明确规定了可采用市场化的招标、拍卖等无线电频谱资源分配方式，同时并未否定行政手段的积极作用，仍然保留基于国家和社会公共利益考虑下的行政直接分配方式，在立法层面取得了行政审批和市场化手段的较好平衡。

《条例》增加了频谱资源分配的灵活性。规定对于利用率较低的频谱资源的收回制度，同时减少行政审批，优化政府职能，从行政和市场两个层面推动无线电管理体制深化改革。

《条例》也加强了无线电应用权益保护和生态环境保护。要求无线电波辐射必须符合国家规定，不得对无线电业务产生有害干扰。产生无线电波辐射的工程设施，可能对无线电台（站）造成有害干扰的，其选址定点应当由城市规划行政主管部门和无线电管理机构协商确定。使用无线电台（站）的组织和个人应当对无线电台（站）进行定期维护，避免对其他无线电台（站）产生有害干扰，并采取必要措施防治发射无线电波产生的电磁环境污染；无线电管理机构应建立无线电电磁环境监测和评估制度，定期向社会公布无线电电磁环境状况；对于监测和评估中发现的问题，应当责令相关单位采取措施予以解决；要求无线电管理机构定期对在用无线电台（站）进行检查和检测，及时查处非法干扰活动，保证人民群众人身和财产安全；等等。这些都是为保护无线电合法使用权益和广大人民群众健康生活环境而增加的新的管理内容。

热 点 篇

第十四章 无线电技术与应用热点

本章对 2016 年无线电技术与应用热点进行梳理总结，主要包括美国为 5G 发展确定部分高频频段、欧盟正式公布 5G 频谱战略、物联网产业发展潜力持续增加、我国云计算产业进入迅速发展期、"互联网＋"引领我国产业发展新趋势、我国城市轨道交通加速布局 1.8GHz 频段等。

第一节 美国为 5G 发展确定部分高频频段

2016 年 7 月 14 日，美国联邦通信委员会（FCC）正式公布将 24GHz 以上的 4 个高频频段用于 5G 网络运营。公布的频段包括：3 个授权频段（28GHz、37GHz 和 39GHz 频段），1 个免授权频段（64—71GHz 频段），共计 10.85GHz。FCC 指出，新规划综合考虑了各方的需求，既平衡了无线宽带、卫星业务和政府的频谱需求，也平衡了独家使用、共享使用和免授权接入的需求。美国由此成为世界上首个为 5G 网络确定部分高频频段的国家。

该频谱规划的出台将为美国 5G 网络技术研发和大规模投资奠定基础。技术标准和产业化是新兴产业快速发展的两个核心要素。对于移动通信业来说，这两者都离不开频谱资源的关键支撑。5G 高频频段的明确将为美国国内 5G 产业的研发和试验消除高频部分用频的不确定性，从而节约研发和实验成本，推动本国 5G 产业发展。

该频谱规划也是对国际电联主导下形成全球统一 5G 工作频段的挑战，反映了美国力争 5G 发展主导权的意图。在 2015 年底的国际电联 WRC – 15 大会上，各方达成了对 6GHz 以上的 5G 高频频段暂不规划，留待 WRC – 19 大会予以决定的决议。因此，这次美国率先公布 5G 高频规划是对全球统一频段的一次挑战。其目的显然是借助美国国内市场的地位通过既成事实增强其在国际谈判中的筹码。从时间上看，这次规划从提出到制定非常快，打破了以往纪录。美国 FCC 在 2016 年 6 月首次提出计划为 5G 分配高频频谱，仅在一个月后就紧急出台相关的频谱规划，这在美国重大频谱规划历史上是绝无仅有的。美国移动通信市场是全球最大也是最先进的市场，这决定了美国在制定 5G 国际统一频段和标准中具有重大影响力。此次频谱规划出人意料地快速出台，显示了美国在丧失 3G 和 4G 国际主导权后力图在 5G 时代抢占国际标准的制高点。

美国的做法必然对我国 5G 发展形成新挑战。我国的 5G 研发处于国际领先地位。华为、中兴等公司已经储备了大量的 5G 相关技术专利，开展了世界最大规模的 5G 外场测试，在国际标准的制定上也处于引领地位。在频谱规划上，我国当前的策略是依托国际电联，加强国际合作与协调，力争建立更多 5G 全球统一频段。面对美国率先制定 5G 高频规划的挑战，我国应在国际电联框架内加紧国际合作与协调的步伐，加快技术研究与运作，力争与更多国家和国际标准组织达成共识，特别是加强中国和欧盟的统一。另外，6G 以下低频频段是 5G 频谱的核心频段，是实现连续广域覆盖和低功耗大连接、低时延高可靠物联网场景的必要频段。应以接近全球统一共识的 3400—3600MHz 为核心，向上向下拓展，尽快形成连续大于 300MHz 可用 5G 频段，使我国在频谱准备上处于领先地位。

第二节　欧盟正式公布 5G 频谱战略

2016 年 11 月 1 日，欧盟 5G 频谱推进工作取得实际性进展，由其委员会无线频谱政策部门正式公布 5G 频谱战略。该战略的初步草案在 6 月份形成，在公开征求相关部门详细意见的基础上，统筹协调频谱资源，部署合适的候选频段，为促进 2020 年的系统商用奠定坚实的基础。

欧盟 5G 频谱战略对相应的低、中、高候选频谱进行全面梳理，具体内容包括：对于 1GHz 以下的频谱资源，重点突出 700MHz 频段，解决 5G 技术的广覆盖应用；基于 3400—3600MHz 全球统一协调频段，明确指出在 2020 年以前，5G 系统部署使用的频段是 3400—3800MHz 频段，总带宽 400MHz 的频谱储备资源使得欧盟在 5G 产业国际化进程中能占据强有力的竞争地位。

作为 6GHz 以下频谱资源的有效补充，高频段频谱资源在该战略方案中也有明确的规定，具体包括：

首先，基于本国高频产业的实际发展需求，欧盟研究确立 24GHz 以上频谱资源作为 5G 产业推进的重点备选频段。基于该原则，相关部门将开展频谱迁移或者清频工作，按照现有频段业务发展实际，统筹协调，制定合理的时间计划，保证传统业务合理、有序的过渡。

其次，该战略确立在 24.25—27.5GHz 频段开展 5G 相关先行和试点应用，建议尽快开展该频段标准化工作，鼓励各个成员国开展技术创新推动，争取在该频段开展部分试点。同时协调相关部门，开展 5G 与该频段现有卫星探测业务、卫星固定业务和无源保护等业务的共用技术及标准等方面的研究工作，提高频谱资源利用率，避免对现有业务造成有害干扰。

此外，该战略还提出 31.8—33.4GHz、40.5—43.5GHz 频段均可作为欧盟 5G 技术中、长期发展的候选频段，将积极开展 5G 技术在该频段适用性研究工作，突破重点和难点问题，同时建议避免其余业务迁移至该频段，保证未来 5G 在该频段应用的可能性。

5G 频谱资源的全球化统一能带来极强的规模效应，有利于产业发展和漫游。该战略统筹低、中、高频段资源，满足 5G 发展不同场景的需求，有利于欧盟在相关产业领域占据领先，对其标准化、研发创新和产业方面都意义重大，对 5G 频谱国际化工作起到积极的推动作用。

第三节　物联网产业发展潜力持续增加

当前，作为无线电重要的战略新兴产业，物联网发展潜力持续增加。2016 年 6 月，爱立信公司发布最新研究报告，根据预测结果显示，未来几年物联网未来设备数量将呈现海量增长态势，并呈现无所不在的智能信息处理特点，产业发展空间巨大。

物联网设备 2018 年起将呈现全球明显增长态势。随着物联网在各行业的广泛应用，根据统计 2015 年到 2021 年期间，物联网的终端设备（包括传感器、机器和家用电器等）将持续保持逐年增长的趋势，增长速度将达到平均每年23%；到2021年，全球物联网设备将占全球连接设备的近60%，统计数字高达160亿，最终将超过手机终端数量；同时随着智能交通、智能家居、智能医疗等物联网应用的广泛普及，到2021年，西欧地区物联网设备的统计数据将增长400%，主要应用领域包括政府监管专网、车联网和紧急通信等，产业应用上升空间巨大。

全球物联网推进工作正在加速。伴随着新一代信息通信产业呈现出的宽带化、广覆盖、智能化等特点，各国都在积极推进物联网核心技术（包括云计算、大数据等）研发和产业应用。当前，物联网产业渗透到核心硬件制造、系统研发、网络运营及服务等各个层面，并带动生产方式的智能化改造，成为全球的重点竞争领域。例如IBM公司正在研发人工智能系统（Watson），并探讨将认知功能应用于物联网服务；谷歌提出Project IoT物联网项目，并致力于操作系统和解决方案的研发；苹果公司研究物联网生态系统的搭建等，各国产业巨头的加入使得物联网产业进入快速发展期。

我国处于物联网产业发展上升期。当前，我国物联网产业链基本完整，涉及芯片、设备、软件系统和产业服务等环节。相应的腾讯、小米等企业也积极开展物联网领域方案开发，如"QQ物联"、智能家居控制等，尤其是在嵌入式系统、软件与集成服务、机器到机器（M2M）终端、传感器和无线射频识别（RFID）方面都形成了一定的规模。根据研究机构统计，近年来我国物联网产业发展迅速，2014年产业规模突破6200亿元，M2M（Machine to Machine）连接数占全球总数的30%，预计到2020年可达3.5亿。伴随着《中国制造2025》的实施，国家对物联网等新一代信息通信技术产业的扶持和重点突破力度进一步加大，"十三五"期间我国物联网产业有望迎来新一个机遇期，未来发展空间巨大。

第四节　我国云计算产业进入迅速发展期

作为推动无线电应用发展的新型技术，云计算在我国进入迅速发展期。2016年5月18日，我国云计算大会（第八届）在北京召开，会议主要涵盖云计算产业技术融合和应用创新两方面内容。伴随着云计算关键技术研发创新，我国云计算产业得到飞速发展和广泛普及，在推进互联网和传统实体经济和深度融合中发挥了积极作用。

我国云计算产业规模大幅提升。我国积极推动云计算产业发展，明确重点行业领域，为云计算、大数据奠定基础；突破关键技术，结合国外成果不断创新；全面统筹，研发推出一批影响力强的云计算产业应用平台，激发企业潜力，提升产业融合创新能力；同时加快推进采用云计算、大数据等支持IT技术融合和发展的步伐，实现新一代信息通信技术的变革。通过近几年发展，产业规模得到显著提升，根据相关统计数据显示，我国2015年云计算产业规模已高达1500亿元，相比2014年提高30%，增速在全球处于领先水平。从数据内容分析，公有云增速为47%，私有云增速为26%，产业结构内容不断得到优化，成为我国新一轮产业增长点的典型代表。

云计算产业未来发展前景广阔。我国云计算产业发展迅速，但是市场上有绝对影响力的龙头企业较少，这给企业提供了巨大的进步空间；伴随着云计算广泛应用，云端数据存储、云端业务运行逐渐成为趋势，对信息安全重要性认识达成共识，云计算信息防护等领域的出现为相关企业机构带来新一轮商业契机；国际上云计算产业市场发展迅速，尤其是与美国等发达国家相比，我国云计算市场规模还是相对偏小，有较高的服务空间和渗透潜力；近年来，我国云计算产业政策环境良好，国家"十三五"规划将"推动云计算产业的发展"作为重点工作，《中国制造2025》也提出要促进云计算、大数据在企业研发设计、生产制造、经营管理、销售服务等全流程和全产业链的综合集成应用，这使得未来几年云计算产业在我国将前景广阔，非常值得企业和机构发力。

第五节　"互联网＋"引领我国产业发展新趋势

"互联网＋"是以互联网特别是移动互联网为基础设施和工具，实现互联网与传统行业融合发展。当前，"互联网＋"正引领我国产业发展新趋势。2016年4月20日，IDC中国首届"互联网＋"产业创新企业100强论坛暨颁奖典礼在北京召开，在会上 IDC 从全球创新创业的角度上，评选出了 100 家左右创新能力强的企业，成为 2015 年度中国"互联网＋"产业创新企业 100 强。而随着两会上"互联网＋"的战略的逐步开展，互联网逐渐成为创新创业的沃土，"互联网＋"所引发的新业态、新模式、新技术必将推动我国生产生活的方方面面的创新，给行业的蓬勃发展带来新活力。

互联网引领行业向利好发展，目前我国的行业发展形势是在产业变革、融合发展以及政策的三重推动下，预计 2016 年信息通信服务业收入将有新的突破。首先，基础电信企业在"4G＋"以及融合创新的驱动下，增速将回速，收入也将持续增加。其次，随着互联网相关服务收入占全行业收入比重将进一步提升，移动互联网接入流量将继续保持成倍增长，影响将进一步扩大。移动互联网业务收入占基础电信业收入比重将持续上升。"互联网＋"战略的落实也必能促进我国能源、医疗、交通、环保、制造业、教育、农业等产业的转型升级，将进一步提高生产效率。而随着互联网的新兴业务的不断涌现，对我国经济提质增效的促进作用更加凸显。

互联网促使融合业务加速发展。近年来，由于互联网逐渐向各行各业渗透，我国融合业务发展趋势明显。而随着《三网融合推广方案》《中国制造 2025》以及"互联网＋"的落地实施，这种业务融合的趋势将进一步凸显，比如在工业方面，互联网与工业的融合提高了改造制造业的速度，逐步让我国由制造大国向制造强国转变。互联网与能源逐步融合，促进了我国智能电网的加速发展；在农业方面，互联网技术向农业的加快渗透，逐渐改变了传统农业生产经营格局；在服务业方面，分享经济影响范围快速扩展，信用服务体系初步建立。

第六节　我国城市轨道交通加速布局 1.8GHz 频段

中国城市轨道交通协会于 2016 年 5 月发布《关于推荐城轨交通项目新建 CBTC 系统使用 1.8G 专用频段和 LTE 综合无线通信系统的通知》。强调了 1.8GHz 频段对于城市轨道交通运营安全及持续发展的重要意义，建议城市轨道交通新建 CBTC 系统统一使用 1.8GHz 频段和基于 LTE－M 无线通信规范的

LTE 通信系统。CBTC 系统是基于无线通信的列车自动控制系统。当前 CBTC 系统主要是工作在 2.4GHz 公共频段上的 WLAN 制式系统。与 2.4GHz 公共频段相比，使用 1.8GHz 频段的 LTE 系统具有明显优势。

一是 CBTC 无线通信传输的内容主要为信号系统信息，属于运营安全类信息，1.8GHz 频段作为受保护的专用频段，在无线传输安全性、稳定性和可靠性方面更有保障。1.8GHz 频段是指 1785—1805MHz 频段。2015 年 2 月，工业和信息化部重新发布了关于 1785—1805MHz 频段无线接入系统频率使用事宜的通知。通知明确了 1785—1805MHz 频段作为城市轨道交通等行业专用频段，主要用于本地时分双工（TDD）方式无线接入。与之相比，2.4GHz 公共频段是免许可的频段，虽然具有产业链成熟和成本低的优势，但作为免许可频段，除了必要的发射功率限制外，缺乏有效的管理和保护机制。在该频段上还拥挤着大量无线电设备和应用，例如 Wi-Fi 热点、蓝牙、Zigbee 技术、RFID 技术、医疗设备、点对点微波等。2.4GHz 公共频段虽然有 13 个信道，但只有三个互不干扰的信道。因此，在该公共频段容易出现同频干扰，影响通信质量。实践表明使用 2.4GHz 公共频段传输的确存在着不可控的安全隐患。例如，2012 年 11 月深圳地铁停运事故就是由于 CBTC 系统受便携式 Wi-Fi 热点干扰造成的。2016 年 8 月 18 日北京地铁一号线也因为信号故障全线停运。使用 1.8GHz 专用频段就是为了在频率使用上进行保护避免不受控因素，保障列车安全运行。

二是 LTE 系统通信方式相比传统 WLAN 等制式通信具有明显优势。首先 LTE 系统通信适用列车速度范围宽（最高可满足 300km/h 的列车通信需要），可以满足地铁升级提速的需要。其次，LTE 系统在传输速度、容量、QoS 保障机制、高可靠、低时延等方面均具有显著优势，而且具备良好的可扩展性。最后，国内已经具有成熟的 TD-LTE 产业链支撑，可以满足工程设计、施工、试验、验收、互联互通等全部要求，在运营维护上更加具有优势。目前，在北京、重庆、西安、杭州等城市部分线路和工程试验证明了以上多方面的巨大优势，因此在以上城市及上海、广州、宁波等城市新建线路中均已决定使用基于 1.8GHz 频段的 LTE-M 系统规范。

可以预见，随着我国城市轨道交通的快速发展，运行速度及网络自动化运营程度的不断提高，对于运营安全性的要求也将不断提升，使用基于 1.8GHz 频段的 LTE-M 系统承载运营安全信息已成为城市轨道交通发展的必然趋势。

第十五章 无线电管理热点

本章主要对 2016 年无线电管理热点进行梳理总结，包括国际电联发布 2016 年版《无线电规则》、"世界无线电日"聚焦灾害管理和应急事件中的无线电、我国推动 5G 进程的力度将持续加大、严打网络电信诈骗违法犯罪活动力度等内容。

第一节　国际电联发布 2016 年版《无线电规则》

2016 年 11 月 2 日，国际电联正式发布了最新的 2016 年版《无线电规则》，将于 2017 年 1 月 1 日起在各签约国生效。它同时包含了历届世界无线电通信大会修订批准的全部规则内容。这是 2015 年世界无线电通信大会（WRC-15）决议的最重要成果。

国际电联是负责国际信息通信事务的联合国专门机构，成立于 1865 年 5 月 17 日，现有 193 个成员国，700 多个部门成员。世界无线电通信大会（WRC）是国际电联修订《无线电规则》，立法规范无线电频谱和卫星轨道资源使用的国际会议，每三至四年召开一次。《无线电规则》具有国际条约地位，对国际电联所有成员国具有约束力，是国际上移动通信、广播电视、雷达、交通、航空航天、气象、海洋、遥感探测、导航定位等各种无线技术、应用和产业发展的基础和保障，涉及各国的核心权益，受到各国特别是经济、军事大国的高度重视。

2015 年的世界无线电大会就移动通信、卫星、无人机、车载雷达等多个领域通过了一系列重要决议。主要包括：新增 1427—1518 MHz 频段为 IMT 全球统一频率，以部分国家脚注的方式增加部分频段为 IMT 频段，明确 24.25—27.5 GHz 等 11 个 5G 高频候选频段，为推动全球 5G 技术标准和产业发展打下良好基础；新增卫星地球探测业务频段，扩大卫星成像雷达的可用频率，提升其成像精度；允许"动中通"地球站使用部分 Ka 频段，使相关应用合法化；给航空移动（航路）业务划分频段，将 1087.7—1092.3MHz 用于卫星接收机载 ADS－B 信号，满足航空机载内部无线通信和民航航班在全球范围内的监控和跟踪需要，有效提升航空器飞行的安全性和可靠性；允许无人机系统超视距控制和通信使用 Ku、Ka 频段卫星固定业务频率；为车载雷达划分高频频段。此外，大会还给业余无线电业务新增了 15KHz 频率，以推动全球业余无线电业务的发展。

新版《无线电规则》将全面详细地体现 WRC-15 大会的这些重要决议，是各国制定自己频率管理规则的基础，将对未来一个时期全球无线技术、业务和产业发展产生重要的影响。按照惯例我国也将在此基础上制定我国自己的新版《无线电频率划分规定》。

第二节　"世界无线电日"聚焦灾害管理和应急事件中的无线电

2016 年 2 月 13 日是第五个世界无线电日。国际电联确定 2016 年世界无线电日的主题是"紧急和灾害时期的无线电广播"，强调现代信息社会中无线电在灾难管理和应急事件中不可或缺的关键作用。联合国秘书长潘基文撰文指出，在出现危机和紧急情况时，无线电就是生命线，并表示将推动无线电在落实全球可持续发展目标、促进人类进步方面发挥更大的作用。

世界无线电日（"world radio day"）是联合国为了提高人们对无线电重要性的认识，促进无线电在推动人类社会发展中的作用而设立的。2011 年 11 月，联合国教科文组织第 36 届大会决定把每年 2 月 13 日即联合国电台成立纪念日指定为"世界无线电日"，指出无线电作为通信载体，在促进信息传播、教育、经济发展等多方面发挥着重要作用。2013 年 1 月举行的联合国大会正式批准教科文组织的这一决议，标志着国际社会对无线电作为变革性力量的认可和开发无线电造福全人类的期待。

2016 年的世界无线电日主题聚焦无线电在灾难和应急管理中的作用。近期发生的许多自然灾害和人为灾害使得无线电受到全球日益广泛的关注。例如，马航 MH370 客机失踪使国际社会普遍意识到建立基于卫星的全球航班跟踪系统刻不容缓。无线电作为信息传播方式具有成本低、覆盖范围广的优势，特别是在应急通信和灾难救助方面发挥着不可替代的巨大作用。一是灾难发生时，无线电可以及时传递救援信息，从而减少受灾民众的隔离感和无助感，有助于灾区恢复秩序。相比之下应急救援人员可能需要花几天或几周才能到达偏远的受灾地区。二是相比其他通信手段，无线电通信在灾难中受到普遍破坏的可能性最低。无线电通信的成本低，范围广，方式多样化，即使受到损坏恢复的速度和成本也最低。在其他通信中断时，无线电依然是信息联通的最有效手段。三是无线电可以实时提供受灾地区相关的信息，从而为救援提供及时、有效的信息，极大地提升救援的速度和针对性。随着手机、移动社交媒体等无线电新技术新应用的普及，有助于更多民众和救援力量参与进救灾过程，提高救灾的速度和力度。四是为保障灾难和应急时期无线电通信的顺畅，国际电联制订了若干应急无线电通信标准，各国在国际电联频率划分基础上也都规划了应急无线电通信频率。2015 年国际电联世界无线电通信大会明确提出促进全球公共保护和救灾业务（PPDR）方面使用统一的频率，以推进设备的标准化和系统的互操作性，推动无线电在灾难管理和应急通信中发挥更大的作用。五是无线电技术应用已经深度渗透到经济社会的方方面面，在有效备灾和预防工作方面也发挥着日益重要的作用。

第三节　我国推动 5G 进程的力度将持续加大

2016 年 3 月 22 日，博鳌亚洲论坛 2016 年年会在海南召开。5G 在此次的博鳌年会上，则成为各国企业巨头和政要关注的焦点。与此同时，在两会期间工信部也表示，按目前的进度推算，5G 国际标准的制定将在 2018 年完成，并在 2020 年有望正式商用。在我国的华为、中兴等品牌企业的布局下，或许 2016 年年底将实现商用。5G 已位列我国"十三五"规划中，未来来自政府以及企业对 5G 进程的推动力度将持续加大。

就政府方面来说，2015 年 12 月 25 日，工信部在 2016 年全国工业和信息化工作会议上表示，在 2016 年将组织启动商用牌照发放以及 5G 技术试验的预研工作。2016 年 1 月 22 日，我国 IMT – 2020（5G）推进组在京召开 2016 年工作部署会议。本次会议是频率组针对 5G 频率相关研究与支撑工作的全面部署，将全力以赴支撑 5G 试验及相关频率规划研究工作。2016 年 2 月工信部无线电管理局指出，5G 系统兼容性试验已列入 2016 年度工作，并启动在深圳地区开展的 5G 系统兼容性研究。在 2016 年 3 月份的两会上，已经把 5G 作为"十三五"规划的重要内容，其中明确指出推进 5G 关键技术研究，启动 5G 商用。

就企业推动方面来说，可以说由于在我国企业的技术贡献，5G 的商用时间可以大幅度提前。首先，华为表示将于 2016—2018 年期间，投入 6 亿美元的经费用于 5G 标准制定的研发。到目前为止，华为已经在频谱使用、组网架构等具体技术的研发上取得显著成效；中国移动主导编制的《5G 网络标准技术指导建议书》已成为国际电联 5G 标准制定的重要指导和依据，中国移动也将于 2018 年前进行 5G 网络试商用；而早在 2014 年中兴就提出了 Pre 5G 概念，并在 4G 设备中应用了 Massive MIMO 等 5G 技术。截至目前，中兴公司已进入 Pre 5G 最后的商用验证阶段，或许 2016 年下半年就能正式商用。2016 年 3 月 16 日，根据世界知识产权组织发布的公报，在 5G 专利申请排名上，我国华为连续第二年位居榜首，中兴通讯位列其后。该数据显示在国内企业在 5G 产业链的领先技术，将会大大提升我国 5G 时代的国际竞争力，对于企业经济效益的拉动也会非常大。

第四节　严打网络电信诈骗违法犯罪活动力度加大

近年来，不法分子利用信息通信网络等方式进行网络电信诈骗的犯罪活动激增，案件逐年增加，手法呈现更加隐蔽和组织化特点，对广大人民群众的生命和财产安全造成极大威胁，引起社会的广泛关注。

国家相关部门一直致力于严打网络电信诈骗违法犯罪活动，通过协调、建立国家层面的打击治理电信网络新型违法犯罪的部级联席会议制度，以便实现各部门联动，提高工作实效。2016 年 10 月，最高人民法院、最高人民检察院、公安部、工业和信息化部等联合发布《关于防范和打击电信网络诈骗犯罪的通告》，对规范开展网络电信诈骗违法犯罪的源头打击工作具有重要作用，但对于新型电信网络诈骗犯罪行为与法律适用性问题上没有做出详细规定。

2016年12月20日，最高人民法院、最高人民检察院、公安部在对各部门深入调研和论证的基础上，严格依照司法解释程序，联合发布《关于办理电信网络诈骗等刑事案件适用法律若干问题的意见》，进一步完善打击网络电信诈骗犯罪活动工作的法律体系，明确了打击网络电信诈骗的法律尺度，对维护社会稳定和人民群众生命财产安全具有重要作用，打击网络电信诈骗工作迈上新台阶。

该意见框架体系包括七大部分，共计36条具体内容，相关亮点包括：

对于网络电信诈骗价值3000元以上、3万元以上、50万元以上的，规定分别与刑法"数额较大""数额巨大""数额特别巨大"对应，使得处罚合理有据；

多次诈骗两年内未经处理，数额累计构成犯罪的，依法定罪处罚，即明确了数额标准和数量标准并行的定罪方式，同时对于着重处罚的情形进行全面规定；

鉴于网络电信诈骗案件多为组织化行为的特点，明确惩处关联犯罪这一原则，并针对其衍生的几类诈骗犯罪行为规定定罪和量刑标准；

为提高办案效率，对于案件管辖（包括复杂案件和涉外案件等）、赃款和赃物处理等进行明确规定。

该意见符合新形势下我国社会发展需求，为司法机关处置电信网络诈骗犯罪工作提供有效依据，对于今后各地、各部门开展和推进打击电信网络诈骗犯罪活动专项行动，保障人民群众的财产安全和合法权益意义重大。

展望篇

第十六章　无线电应用及产业发展趋势展望

本章主要对 2017 年无线电应用及产业发展趋势进行了分析和展望。5G 方面，随着 5G 标准化进程的进一步加速、5G 频率规划步伐的进一步加快以及 5G 产业生态雏形的进一步显现，5G 产业发展将进入关键期。物联网方面，伴随着"中国制造 2025"的深入实施，国家对物联网等新一代信息通信技术产业的扶持力度进一步加大，2017 年我国物联网产业有望迎来重大机遇期，物联网产业将成为新一轮信息产业革命的强大动力。

第一节　5G 产业发展将进入关键期

2016 年，第一届、第二届全球 5G 大会在北京、罗马召开，分别对 5G 关键技术研发、全球统一 5G 标准化工作、无线电频谱资源统筹协调、5G 试验平台等问题进行详细解读，对进一步推动全球统一标准、加强频率协调及促进产业发展将发挥积极的促进作用，5G 标准制定开始全面启动。当前，5G 产业发展应用场景已在国际社会达成一致，相关频谱研究工作也在顺利推进。5G 内容涵盖三种基本场景：增强的移动互联网应用场景（高速率、高带宽的多媒体等内容）、物联网设备互联场景（低功耗、广覆盖的接入和管理等）以及车联网、应急通信和工业互联网（实时、准确、安全的业务应用），这将进一步提升移动互联网、物联网对于泛在、海量数据传输的需求，推动工业和信息化的深度融合，并全面提升工业互联网、车联网等新型业态的发展水平。

我国高度重视 5G 发展，在"中国制造 2025"战略中明确其作为重点突破领域，并在"十三五"规划中指出要积极推进 5G 发展、2020 年启动 5G 商用并尽快推动相关试点工作的开展。2017 年，加快全球统一 5G 频谱统筹研究将继续成为业界研究重点。根据总体的部署，我国将在 2016—2018 年分阶段、有步骤、有计划地开展关键技术研发、技术测试、技术方案验证等工作。同时，依托 IMT‑2020（5G）推进组，建立健全协同工作机制，对 5G 需求、技术、频谱、标准等工作进行深入研究创新，整合该领域相关资源，建立多渠道、多层次的合作技术研究和系统开发，推动我国 5G 商用化进程。2020年之后，5G 有望大规模商用，使经济生活从移动互联网扩展到物联网领域。产业链各方协同发力，通过合作和竞争占据平台优势，在服务、硬件、软件等方面将取得一系列突破，提升我国 5G 国际竞争力和话语权。

第二节　物联网产业将成为新一轮信息产业革命的强大动力

2017 年，物联网设备数量将出现激增，并呈现无所不在的智能信息处理的特点。据预测，2015—2021 年期间，物联网的终端设备（包括传感器、机器和家用电器等）将持续保持逐年增长的趋势，增长速度将达到平均每年 23%；到 2021 年，全球物联网设备将占全球连接设备的近 60%，约 160 亿台，将超过手机终端数量。随着智能交通、智能家居、智能医疗等物联网应用的广泛普及，到 2021 年，仅西欧地区物联网设备的统计数据就将增长 400%，主要应用领域包括政府监管专网、车联网和紧急通信等，产业应用上升空间巨大。

伴随全球物联网推进工作加速，物联网产业渗透到核心硬件制造、系统研发、网络运营及服务等各个层面，并带动生产方式的智能化改造，成为全球的重点竞争领域，例如 IBM 公司的人工智能系统（Watson）、谷歌 Project IoT 物联网项目和苹果公司物联网生态系统等。当前，我国处于物联网产业发展上升期，产业链已经基本完整，涉及芯片、设备、软件系统和产业服务等环节。腾讯、小米等企业也积极开展物联网领域方案开发，如"QQ 物联"、智能家居控制等，尤其是在嵌入式系统、软件与集成服务、机器到机器终端通信（M2M）、传感器和无线射频识别（RFID）方面都形成了一定的规模。伴随着《中国制造 2025》的出台，国家对物联网等新一代信息通信技术产业的扶持力度进一步加大，"十三五"期间我国物联网产业有望迎来重大机遇期，未来发展空间巨大。

第十七章　无线电管理发展展望及相关建议

本章对 2017 年无线电管理工作进行了展望并提出了相关建议。一是积极推动 5G 频谱规划相关工作，二是研究适应全球的物联网频率规划策略，三是持续保持打击非法用频设台的高压态势，四是进一步健全无线电管理法律法规体系。

第一节　积极推动 5G 频谱规划相关工作

与以往移动通信系统相比，5G 需要满足更加多样化的场景和极致的性能挑战。5G 频谱应采取高低频搭配的策略，30GHz 以下频段具有良好的传播特性，提供 500MHz 连续带宽，支撑极致的业务需求，提升网络容量。30GHz 以上频段可提供大于 1GHz 的带宽，提升网络容量，潜在的接入回传一体化方案可辅助网络的快速部署。

建议尽快明确国家频谱路线图，加强频谱层面的顶层设计和规划引导，支撑 5G 发展和全球一致性频谱分配引导；建立国家层面的频谱规划协调机构和机制，全局规划频谱资源，特别是 5G 频谱资源；加强频谱管理，建立有效的频谱审计和回收再分配机制，保障频谱资源得到高效、合理的利用；考虑到中国的 LTE 演进和 5G 新空口目标，建议分步骤开展 5G 频谱规划，逐步规划 C 波段和 UHF 波段为 IMT 使用，支撑 IMT 产业发展。

第二节　研究适应全球的物联网频率规划策略

目前，为支持物联网发展，我国在确保不产生无线电干扰的前提下，允

223

许三家电信运营商利用现有网络开展试验。要结合我国物联网实际需求，依托物联网相关研究机构，逐步推动我国物联网频率需求及候选频段研究相关工作，建立物联网频谱规划顶层设计体系，确立频谱规划计划表。同时考虑物联网目前各行业部门需求，探索建立适应我国实际需求的不同行业部门协调工作机制，提高工作效率，强化各部门协作，以便解决一系列跨部门、行业的技术、资源和体制难题。

此外，要积极跟踪研究国际上发达国家物联网频谱需求、频率规划等工作进展，探索研究制定用于物联网的空天地一体化信息网络对于频率及卫星轨道资源的需求，满足在全球范围内流转的货物、设备及交通工具的状态监视及信息交换。同时，整合研究资源力量，积极参与双边、多边、区域及国际范围内的物联网频率需求和规划制定，扩大我国影响力，支持我国"走出去"发展战略。

第三节 持续保持打击非法用频设台的高压态势

2017 年要继续加强对"伪基站"和"黑电台"打击力度，继续从源头入手、从产业链入手，进一步缩小"伪基站"的生存空间，保持打击"伪基站"和"黑电台"高压态势不放松。一是巩固扩大非法设台专项治理成果。进一步强化多部门联动，统筹协调当地公安、工商等部门，制定切实可行的行动方案和计划，加大查处"伪基站""黑电台"违法犯罪活动，巩固打击"伪基站"长效机制，推动建立打击"黑广播"长效机制，实现多部门联合打击非法设台工作制度化、规范化和常态化，有效遏制非法设台违规用频进行电信诈骗等活动的势头。

同时，要规范无线电监测和干扰查处流程，加强重点区域不明信号监测分析，着力解决危害安全生产和人民生命财产安全的无线电干扰问题。发挥长效机制作用，做好对民航、铁路专用频率的保护性监测和干扰查处。

第四节　进一步健全无线电管理法律法规体系

　　2017 年应继续加快无线电管理法律法规体系建设，做好新《条例》宣贯工作。同时深入开展《无线电法》立法研究，完善无线电管理标准规范体系建设，重点加强无线电频率管理、台站管理，无线电监测、设备检测以及行政审批和行政执法等方面标准规范的制定。

　　此外要积极推进地方条例修行工作。由于无线电管理具有地域化的属性，且国家层面的法规在一定程度上无法完全兼顾不同地域无线电管理的实际需求，因此地方在与国家立法精神不相违背的前提下，结合了本地无线电管理实际工作的需要，出台本地无线电管理条例作为有效补充，在地方无线电管理工作中起到了很好的作用。因此，伴随新《条例》的通过，地方无线电管理机构可以借鉴前期立法经验，积极推动地方无线电管理条例的修订工作，保证新形势下一系列新政策在全国范围内的顺利推进，建立健全无线电管理国家和地方相结合的法律法规体系。

后　记

　　《2016—2017 年中国无线电应用与管理蓝皮书》由赛迪智库无线电管理研究所编撰完成，本书介绍了无线电应用与管理概况，力求为各级无线电应用和管理部门、相关行业企业提供参考。

　　本书主要分为综合篇、专题篇、区域篇、政策篇、热点篇、展望篇共六个部分，各篇章撰写人员如下：综合篇：彭健；专题篇：薛楠；区域篇：彭健、薛楠、滕学强、孙美玉；政策篇：滕学强；热点篇：孙美玉；展望篇：彭健。在本书的研究和编写过程中，得到了工业和信息化部无线电管理局领导、地方无线电管理机构以及行业专家的大力支持，为本书的编撰提供了大量宝贵的材料，提出了诸多宝贵建议和修改意见，在此，编写组表示诚挚的感谢！

　　本书历时数月，虽经编撰人员的不懈努力，但由于能力和时间所限，不免存在疏漏和不足之处，敬请广大读者和专家批评指正。希望本书的出版能够记录我国无线电应用与管理在 2016 年至 2017 年度的发展，并为促进无线电相关产业的健康发展贡献绵薄之力。